数值流形方法及其在水利水电工程中的应用

董志宏　刘登学　黄书岭　付　平等　著

U0247804

科学出版社

北　京

内 容 简 介

　　本书系统地阐述数值流形方法的基本原理、理论拓展、计算机实现、二次开发和它在水利水电工程中的应用实例。本书在介绍理论知识、程序实现的基础上，提出对经典数值流形方法的若干改进方法，建立规则矩形网格下的数值流形方法，构建基于 B 样条的高阶数值流形方法及基于适合分析的 T 样条的数值流形方法，将所发展的数值流形方法初步应用于水利水电的坝基工程、边/滑坡工程和地下洞室工程中，用于解决水利水电工程中面临的关键技术难题。

　　本书可作为学习数值流形方法的参考书，也可供水利水电、铁路、公路、矿山等领域从事岩土工程、结构工程及其相关专业科研、教学、工程设计与施工的技术人员和师生参考。

图书在版编目（CIP）数据

数值流形方法及其在水利水电工程中的应用/董志宏等著. —北京：科学出版社，2023.4
ISBN 978-7-03-075338-0

Ⅰ.① 数…　Ⅱ.① 董…　Ⅲ.① 数值方法-应用-水利水电工程-研究
Ⅳ.① TV

中国国家版本馆 CIP 数据核字（2023）第 058599 号

责任编辑：何　念　张　湾/责任校对：高　嵘
责任印制：彭　超/封面设计：无极书装

科 学 出 版 社 出版
北京东黄城根北街 16 号
邮政编码：100717
http://www.sciencep.com
武汉精一佳印刷有限公司印刷
科学出版社发行　各地新华书店经销
*
开本：787×1092　1/16
2023 年 4 月第　一　版　　印张：11 1/2
2023 年 4 月第一次印刷　　字数：273 000
定价：118.00 元
（如有印装质量问题，我社负责调换）

前　言

数值流形方法是美籍华裔科学家石根华博士首创的一种基于现代数学中流形分析的有限覆盖技术的数值计算方法。它以拓扑流形和微分流形为基础，利用有限覆盖把连续和非连续的计算统一到数值流形中去。数值流形方法以数值流形为核心，在非连续变形分析的块体系统运动学理论的基础上，吸收了有限元法、非连续变形分析方法和解析法的优点，采用连续和不连续的覆盖函数，对连续问题和不连续问题建立了一种统一的求解格式，不连续面两边流形单元的变形是不连续的，可自由移动或有不同的位移，而连续部位的相邻流形单元的变形是连续的。该方法可以很容易地模拟裂缝的张开、闭合及扩展，块体的相对运动，结构或岩体的大变形与破坏，是一种在统一解决连续和不连续问题方面相当有发展潜力的前沿的数值方法。数值流形方法自提出后，引起了国内外学术界的广泛兴趣和关注。

作者及所在团队成员从理论到实践，结合岩石工程的实际需求，研究数值流形的理论方法，进行程序开发，在实际工作中尝试应用数值流形方法解决面临的困惑和难题，总结学习应用，完成此书，希望能对数值流形方法的新学者、爱好者、研读者有所帮助，对数值流形方法在水利水电工程中的推广应用尽一份力量。

本书较为全面地介绍数值流形方法的基本原理、理论拓展、程序开发和使用，在此基础上以三峡水电站、锦屏一级水电站、拉西瓦水电站等重大工程为背景，围绕工程中坝基、边坡、隧洞和大型结构等的安全稳定问题，开展数值流形方法的应用研究。

全书共分12章。第一部分介绍数值流形方法的基本理论及其拓展研究，包括第1~7章。其中：第1章介绍常用水利水电工程数值分析方法、数值流形方法的特点及研究现状；第2章介绍流形、有限覆盖、覆盖、数值流形等基本概念，接触理论、单纯形积分、总体平衡方程等基础理论；第3章介绍经典数值流形方法的程序实现与架构、典型算法问题和难点问题，开发开挖、锚固等的数值流形方法的数值计算功能；第4章介绍规则矩形网格下的数值流形方法，包括矩形覆盖系统、权函数、规则矩形网格覆盖系统的自动生成算法；第5章介绍基于B样条的高阶数值流形方法，包括基于B样条的高阶数值流形方法基本理论、参数空间与物理空间之间的映射和数值算例等；第6章介绍基于适合分析的T样条的数值流形方法，包括AST网格构造数学覆盖系统和数学网格局部加密算法及数值算例；第7章介绍数值流形方法中含圆弧边界问题的处理方法。

第二部分介绍数值流形方法在水利水电工程中的应用，包括第8~12章，涉及地下洞室开挖卸荷围岩稳定分析、坝基深层抗滑稳定分析、边坡稳定分析、反拱形水垫塘结构稳定分析等工程实例，另外，还介绍非连续变形分析方法在滑坡中的应用实例。研究成果与其他数值方法如有限差分方法、有限元法的分析成果及部分模型试验成果进行对比验证。

本书在撰写过程中,得到了长江科学院非连续变形分析实验室石根华教授、丁秀丽教高、林绍忠教高、邬爱清教高、苏海东教高、卢波教高,以及海南大学张友良教授的悉心指导和大力支持,在此表示衷心的感谢!

本书的出版得到了国家自然科学基金重点项目"调水工程深埋输水隧洞围岩时效大变形孕灾机理及安全控制"(51539002)、云南省重大科技专项计划项目"深大活断裂应力场特征及其对长距离引水工程的影响"(202002AF080003)、国家自然科学基金青年科学基金项目"深埋软岩隧洞围岩-衬砌协同承载体系变形破裂演化机制与自适应数值流形方法"(51809014)、长江科学院创新团队项目"调水工程深埋隧洞围岩大变形孕灾机理与防控"(CKSF2021715/YT)、中央级公益性科研院所基本科研业务费专项资金项目"跨活动断裂深埋长隧洞工程区地应力场及其演化特征研究"(CKSF2021462/YT)和"复杂软岩地层输水隧洞围岩-衬砌相互作用机制研究"(CKSF2021457/YT)的资助与支持。

全书主要由董志宏、刘登学撰写,黄书岭、付平、韩晓玉、罗笙、张新辉、王斌参与了部分章节的撰写及统稿工作。

限于作者水平有限和时间仓促,书中不妥之处在所难免,诚恳希望读者批评指正。

作 者

2022 年 7 月于武汉

目　录

[第1章]

绪　论

1.1 引　　言

随着我国经济的繁荣与发展，各类基础设施和资源开发工程正处于迅猛发展时期，包括水电工程、水利工程和交通工程等。水利水电工程中岩土体既是外部环境，又是重要承载体，在其中建设有大坝坝基、边坡、地下厂房、隧洞等工程。岩土体是一种天然材料，其物质成分、物理力学性质、空间分布与其赋存的地质环境、形成历史、地壳运动和工程因素有紧密的联系。

目前，对岩土体力学特性问题的研究方法主要有理论分析、试验研究和数值模拟。理论分析为试验研究与数值模拟提供了指导，同时能够检验数值模拟结果和试验研究的正确性。对于比较简单的问题，通过分析推导可以得到解析解或闭合形式的解，但由于实际工程中的边界条件复杂，能满足解析法计算条件的情况很少。因此，数学解析法在实际工程中单独地进行应用较少。

岩土体介质的物理力学性质的试验研究主要包括现场原位测试和室内试验。室内的岩土体试件试验和用相似材料做的物理模型试验，方便快捷，但样本数量有限，且试样受取样扰动的影响，不能完全真实地模拟现场的条件。现场的原位测试能够真实地反映实际情况，但是试验的费用高昂且可重复性差，这就迫使人们寻求更经济、更有效的方式辅助或部分取代试验研究。

随着计算机技术的快速进步，数值分析方法发展很快，应用领域日益扩大和深入。岩土工程的计算机分析模拟已成为广大土木工程师和科研工作者从事岩土工程勘察、设计、施工、科研的重要手段。数值模拟在试验研究的基础上，通过建立合理的数学模型来实现岩土体物理力学特性的模拟，通过与实际现场监测结果的比较，检验理论分析的正确性，扩大求解问题的范围。目前，数值模拟已经成为研究岩土体力学特性的一种经济、有效的辅助手段。随着计算机技术和数值模拟技术的提高，数值模拟将在岩土体力学特性的研究中发挥更大的作用。

从 20 世纪 40 年代开始，有限差分方法在工程分析中得到广泛应用，在岩土工程中先应用于渗流和固结问题的求解，后来推广应用于弹性地基上梁、板及桩基的求解。

有限元法是 Clough[1]首先提出来的，并于 20 世纪 60 年代开始在岩土工程中得到应用。因为它能够较容易地处理分析域的复杂形状和边界条件，以及材料的物理非线性和几何非线性问题，所以有限元法的应用发展非常快，其应用从弹性力学平面问题扩展到空间问题、动力问题，分析对象从弹性材料扩展到塑性、黏弹塑性和复合材料等。有限元法已经成为岩土工程中数值分析模拟的主要手段。

为了减小计算量，将解析法和数值解法相结合发展了许多半解析法。有限层法、有限条法、有限元法和边界元法可以认为是半解析法。采用半解析法可以达到降低维数、提高精度、加速运算和降低成本的效果。在岩土工程中有时还会遇到大变形问题，拉格朗日法是为处理连续介质非线性变形问题而设计的。岩土体是自然、历史的产物，其分布和物理力学参数往往具有随机性，为了考虑其随机性，发展了随机有限元法，运用它可以分析材料参数、几何形状或荷载具有某种不确定性时的位移、应力及可靠度问题。

实际工程所处的地质环境是经千百万年地质演化逐渐形成的。岩体是历经漫长时间形成的，经过变形、遭受破坏，存在不同程度缺陷的地质体，这些缺陷表现为裂隙、节理及断层等。实际上，岩土体是一种断续介质体，而岩土工程的破坏大多是从上述缺陷开始，进一步扩展、贯通发生的，如边坡滑移、拱坝坝肩失稳、坑道的塌陷等。当岩体内的应力未超过某一临界值时，岩体不会产生明显的断裂，此时，连续介质力学方法可以求得问题的解；而当岩体内的应力超过某一临界值时，裂隙的控制作用变得十分明显，连续介质力学方法已不适合。因此，发展能反映岩体断续介质特性的数值方法尤为迫切。各国研究者为解决这个问题做了大量的工作，并取得了长足的进步。例如，带界面单元的有限元、离散元、刚体-弹簧元及非连续变形分析（discontinuous deformation analysis，DDA）等应运而生，使问题的解决进程向前迈进了一大步。20 世纪 90 年代以来，由美籍华人石根华首先提出的数值流形方法将连续介质与非连续介质的分析融为一体[2]，较好地反映了岩体介质的断续特性。因此，本书对岩体的数值流形方法进行研究是具有重要理论价值和实际工程意义的。

1.2　常用水利水电工程数值分析方法

目前，水利水电工程中常用的数值分析方法有有限元法、边界元法、拉格朗日法、离散元法、刚体-弹簧元法、关键块体理论、DDA 方法和数值流形方法等。

1. 有限元法

有限元法是水利水电工程分析的有效而常用的一种连续介质力学方法。1960 年 Clough 将杆系结构矩阵分析方法推广应用于平面弹性连续介质问题[1]，将分析域离散成有限个在结点相连的单元，然后在单元中采用多项式插值，建立单元刚度矩阵，利用变分原理集合形成总体刚度矩阵，最后结合初始及边界条件求解。有限元法中通常将材料视为连续体，其在模拟岩体的天然缺陷，如节理、裂隙时，通常采用节理单元。Goodman 等[2]最先提出了节理单元，即采用无厚度四结点单元模拟不连续面。但是该方法不能解决岩体内大量的节理和不连续面问题，尤其不能求解岩体内实际可能存在的大变形和大位移问题，并且不能保证单元在不连续面附近不相互嵌入。为此，包括 Goodman 在内的许多学者对此进行了改进，提出了变厚度节理单元、接触摩擦单元、界面单元等。目前，有限元法已经发展得较为成熟，出现了许多大型的商用软件，如 ANSYS、MSC.MARC、ABAQUS 等。

2. 边界元法

边界元法是由 C. A. Brebbia 最先提出的[3]。它是解决岩土工程问题常用的一种方法。

边界元法是应用格林定理等，通过基本解将支配物理现象的域内微分方程变换成边界上的积分方程，然后在边界上离散化数值求解，其特点是主要网格的剖分只在边界上进行，降低了问题的维数，在边界上位移、面力独立插值，数值解精度一般高于有限元解，而内部可得到连续的半解析解。边界元法特别适合于求解无限域、半无限域问题。该方法的缺点是系数矩阵为非对称满阵，对于三维问题这个缺陷尤其突出。同时，边界元法在处理多介质问题、复杂的非线性问题，以及模拟分步开挖和施工过程等问题方面，有其局限性[4]。

3. 拉格朗日法

学者根据有限差分原理，提出了拉格朗日法。拉格朗日法是一种适合分析岩土工程中非线性大变形问题的数值方法，它依然遵循连续介质的假设。利用差分格式，不需要形成刚度矩阵，按时间步积分求解，随着构形的变化不断更新坐标，允许介质有大的变形。岩土工程中非线性问题的难点主要是跟踪物体变形过程的积分问题[5]，拉格朗日法是用差分方法按时间步积分的一种求解非线性大变形问题的有效方法。拉格朗日法已有不少商用软件，如 FLAC 等。

4. 离散元法

离散元法是 1971 年由 Cundall 首先提出来的[6]。离散元法主要是适合节理岩体应力、变形分析的一种非连续力学数值方法。它以被节理切割成的分离的离散块体为出发点，块与块之间相互接触，每个块体的运动取决于它所受到的相邻块体给它的力。若合力和合力矩不等于零，则块体要依牛顿第二定律而运动。其主要特点是块体单元边界间不要求连续，但不能彼此嵌入。该方法已广泛应用于岩土体力学问题的分析中，且能够模拟岩块的破碎和爆破的运动情况。但该方法的动力求解过程中引入了阻尼来消除多余的动能，从而实现能量耗散，而阻尼在通常情况下是难以确定的。为避开阻尼、时步等参数的确定，Stewart 等[7]1984 年提出了静态松弛的离散元法，用来模拟地下开挖的不连续形态。静态松弛法根据不平衡力作用的块体达到再平衡时力与位移的关系逐个建立块体的平衡方程组，求解块体形心的位移，从而求得整个体系的变形情况。从解的收敛性来看，静态松弛法在岩体失稳后会出现病态，局部块体的失稳会导致整个计算过程的失败，在功能和适用性方面还远没有达到动态松弛离散元的程度。离散元法也发展较快，代表性的程序有美国 ITASCA 公司开发的 UDEC 和 3DEC 等。

5. 刚体-弹簧元法

刚体-弹簧元法首先由日本学者 Kawai 于 1977 年提出来[8]，它用一种由刚性块体和弹簧系统组成的计算模型来模拟裂隙岩体的变形。该方法将分析域离散为刚性块体，不同块体之间用法向和切向弹簧相连，假定刚性块体不发生变形，结构的变形能仅在接触面的弹簧中，块体形心处的刚体位移为基本变量，用分片的刚性位移模式模拟实际的整体位移场，并用边界应力反映结构内部的应力。后来，有学者改进了此方法，将刚体变为可变形块体，即块体-弹簧模型。对于小变形、小位移问题，该方法十分有效。Kawai 等[8]之后将它应用于连续介质问题中的裂纹扩展跟踪问题。该方法能够有效处理非线性问题，该方法对体系的静力学条件考虑得比较充分，但不能满足所有的运动学条件，使得大位移特别是转动位移不能得到模拟，故该方法一般限于求解小变形问题。

6. 关键块体理论

1977 年石根华博士发表了《岩体稳定分析的赤平投影方法》一文[9]。1985 年，Goodman 和 Shi[10]正式提出了关键块体理论。该理论实质上是一种几何学的方法，其认为保持岩体稳定性最重要的因素是结构面切割出来的关键块体，即关键块体对岩体的破坏起控制作用。该理论是一种通过判别和描述开挖面最危险岩石块体运动来确定岩体稳定性的分析方法。关键块体理论假定结构面为平面，结构体为刚体。关键块体理论已经被用于分析在地下水、地震等外荷载作用下的块体稳定性。王思敬和薛守义[11]1989 年应用关键块体理论分析岩体边坡块体的滑动位移；裴觉民等[12]1990 年应用该理论分析了水电站地下厂房洞室的稳定问题；邬爱清等 1988~2001 年对关键块体理论应用于工程问题中所涉及的凹形块体问题、块体水压模拟等问题进行了研究，并将关键块体理论应用于三峡船闸高边坡及地下厂房块体稳定性分析[13-17]。有些学者还将随机理论引入其中，分析块体系统的可靠度问题[18-19]。关键块体理论在边坡、地下洞室和坝基等工程中有其独特的优势。关键块体理论仍属于一种拓扑学的分析方法，假定块体为刚体，没有考虑块体系统的应力、变形等。

7. DDA 方法

DDA 方法是由石根华博士提出来的[20]。DDA 方法与离散元法一样，适用于非连续介质如节理岩体的应力分析。该方法采用幂级数多项式位移函数来模拟岩石块体的变形，以多项式系数为基本未知量，利用变分原理建立整体平衡方程，在求解过程中严格满足块体间无张拉、无嵌入的接触条件。DDA 方法不仅允许块体本身存在变形，还允许块体间有滑动、转动、张开等运动形式，非常适合分析系统中非连续大变形的情况。近年来，许多学者对 DDA 方法进行了改进和应用。Koo 和 Chern[21]1996 年发展了高阶位移函数的 DDA 方法；Liang 和 Wang[22]1996 年对原有方法的罚函数进行了改进，提出了拉格朗日 DDA 方法；郑榕明等[23]2000 年对 DDA 方法与有限元法进行耦合计算分析。DDA 方法被广泛应用于岩土工程中，裴觉民和石根华[24]1993 年应用该方法分析滑坡的动态失稳过程。Thomas 等[25]和张国新等[26]将 DDA 方法应用于土力学的研究中。邬爱清等[27]1997 年初步利用该方法分析岩体工程中边坡开挖和地下洞室的稳定性问题。此外，有学者还将该方法用于分析岩爆问题[28]。DDA 方法在分析问题时通常要将研究对象完全离散，不太适合对连续问题和半连续问题进行分析。

8. 数值流形方法

数值流形方法是石根华博士 1991 年创立的一种新的数值方法[29-30]。它以拓扑流形和微分流形为基础，利用有限覆盖把连续和非连续的计算统一到数值流形中去。数值流形方法以数值流形为核心，在 DDA 方法的块体系统运动学理论的基础上，吸收了有限元法、DDA 方法和解析法的优点，采用连续和不连续的覆盖函数，对连续问题和不连续问题建立了一种统一的求解格式，是一种相当有发展潜力的数值分析方法。

1.3　数值流形方法的特点

数值流形方法是 20 世纪 90 年代初由石根华博士在关键块体理论和 DDA 方法的基础上创建的。数值流形方法引入了有限覆盖技术，非常适合断续节理岩体的模拟，是一个在统一数学框架下的岩石小变形开裂与非连续大位移分析的一体化计算方法。数值流形方法是一种基于单位分解概念的强有力的数值分析方法，其建立和发展过程借鉴了不同数值分析方法的各种技术。图 1.1[31] 为数值流形方法与其他常见数值分析方法的关系图。

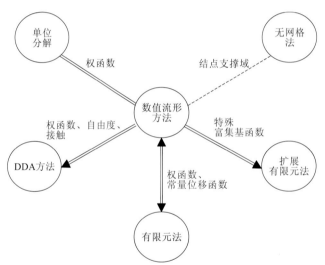

图 1.1　数值流形方法与其他数值分析方法的关系[31]

在有限元法中，问题域被分解成许多小尺寸的单元，未知量定义在单元的结点上，因此网格必须与问题域的边界、材料边界和节理边界等重合。而数值流形方法中的数学网格与问题域是相互独立的，对数学网格的要求是只需将问题域覆盖住即可。数值流形方法中，包含未知量的覆盖函数定义在物理覆盖上。当数值流形方法中的数学网格与问题域的边界重合，所有物理覆盖上的局部函数均为 0 阶，且定义在数学覆盖上的权函数为有限元法中的形函数时，数值流形方法便退化为有限元法。换句话说，有限元法是数值流形方法的一个特例。

为了能够描述裂纹面两侧间断及裂尖附近位移场的奇异性，扩展有限元法基于单位分解的思想，在常规有限元法的基础上，加入了反映裂纹面的 Heaviside 函数和裂尖增强函数。而数值流形方法引入了数学覆盖和物理覆盖的概念，物理覆盖是不连续裂缝对数学覆盖的再剖分，且未知量定义在物理覆盖上，通过这种方式可以很自然地描述裂纹两侧的不连续性，因此数值流形方法非常适合处理复杂的多裂纹问题。与扩展有限元法相似的是，数值流形方法将含裂尖的物理覆盖称为奇异物理覆盖，通过在奇异物理覆盖上加入 Williams 级数中的控制性基函数来反映裂纹尖端场的渐进性[32]。

　　DDA 方法是一种用来研究非连续块体之间的不连续变形和位移的数值模拟方法，比较适合用来求解工程岩体中被节理完全切割而成的块体系统。DDA 方法中有完整的接触处理方法，包括接触检索和更新算法。DDA 方法中的每个块体上只定义了 6 个自由度，包括块体参考点的位移、应变和转角。数值流形方法和 DDA 方法都是由石根华博士创立的，可以说数值流形方法是由 DDA 方法发展而来的，数值流形方法继承了 DDA 方法中的接触处理技术，但数值流形方法在描述块体变形上较 DDA 方法更为准确，因为 DDA 方法中块体都是常应变，而在数值流形方法中每个块体的变形可由多个物理覆盖表征，使得每个块体不再是常应变。DDA 方法中每个块体可以认为是数值流形方法中的一个物理覆盖，而且物理覆盖对应的权函数为 1，因此，数值流形方法可以看作 DDA 方法的一般化[33]。

　　无网格法将问题域离散为一系列的结点，不需要形成网格信息，每个结点有相应的局部支撑域，支撑域的大小和形状由自己定义，其插值只依赖于结点信息，不需要网格信息，因此无网格法避免了有限元法存在的网格依赖性。而数值流形方法的基本思想是，基于有限覆盖技术，将占局部区域又相互重叠的有限覆盖组成一个覆盖系统，从而去覆盖求解的全区域，这个局部区域也可以是任意形状的。但目前数值流形方法中的覆盖系统大多是借助有限元网格形成的。数值流形方法与流形方法的更详细的对比可参考 Kourepinis 的博士论文[31]。

　　由此可见，由于数值流形方法在建立和发展过程中借鉴了不同数值分析方法的各种技术，其也具有这些方法的许多优良特性。数值流形方法在模拟裂隙岩体方面具有以下特色。

　　（1）用来定义求解精度的数学网格与问题域是相互独立的，对数学网格的要求是只需将问题域覆盖住即可，这一点大大简化了数值流形方法中的网格划分，且在模拟裂纹扩展问题时无须重新划分网格。

　　（2）所求未知量是针对每个物理覆盖的，物理覆盖是不连续裂缝对数学覆盖的再剖分，因此不连续裂缝可以以一种很自然的方式简单地模拟出来。

　　（3）可通过在数学覆盖上采用高阶覆盖函数来提高位移函数的阶次（无须在单元上引入更多的结点），以提高求解精度。

　　（4）类似于扩展有限元法，数值流形方法在处理裂纹尖端强奇异性时，通过在物理覆盖的覆盖函数上加入附加函数来考虑不连续尖端场的影响。

　　（5）数值流形方法还可以进行大运动、大位移的模拟。

1.4 数值流形方法的研究现状

数值流形方法自 1991 年由石根华博士提出后，引起了国内外学术界的广泛兴趣和关注。由于在摸索其他数值分析方法时积累了许多成功的经验，数值流形方法自提出后至今取得了较大发展。下面简要介绍该方法的研究现状。

数值流形方法是基于三个基本概念建立起来的：数学覆盖、物理覆盖、流形单元。如何根据数学网格和物理网格生成流形覆盖系统是采用数值流形方法进行计算的前提。曹文贵和速宝玉[34]基于三角形有限元网格，探讨了数值流形方法中数学覆盖和物理覆盖及其流形单元的形成技术，研究了数值流形方法中两套覆盖编号的自动形成方法。陈刚和刘佑荣[35]在 DDA 方法中的裂隙切割块体生成算法的基础上提出了一种基于有向图遍历理论的流形元覆盖系统生成算法。张大林等[36]借助现有的有限元技术生成了数值流形方法中的数学网格，利用面向对象的编程方法生成了数值流形方法中的物理网格。石根华博士最初提出的数值流形方法是基于三角形网格的，后来陆续有国内外学者将矩形网格作为数值流形方法中的数学覆盖系统。蔡永昌和张湘伟[37]将矩形网格作为数值流形方法中的数学覆盖系统，直接从数学覆盖和物理覆盖的定义出发，探讨了数值流形方法中覆盖系统的全自动生成技术。骆少明等[38]采用 Sherpard 形函数提出了新旧网格信息转换的参数传递方法，给出了一种通用、高效率、高精度的网格重划分方法。在三维数值流形方法前处理方面，李海枫等[39]将三维块体切割技术发展成流形切割技术，系统介绍了三维数值流形方法中流形单元的生成算法。

通常可以通过以下几种方式来提高数值流形方法的求解精度：覆盖函数采用高阶次的多项式；提高权函数的阶次；减小流形单元的尺寸，即单元加密。Chen 等[40]通过提高覆盖函数的阶次推导了二阶数值流形方法的分析格式。姜清辉等[41]采用一阶覆盖函数代替常覆盖函数，建立了三维高阶数值流形方法的分析格式。苏海东等[42]基于平面三角形数学网格和多项式覆盖函数，提出了高阶数值流形方法的两种初应力的处理方法。Wang 等[43]提出了一种二阶数值流形方法模型，用来解决具有自由表面水流的非线性问题。然而，高阶数值流形方法在提高计算精度的同时，也会引起总体刚度矩阵的奇异，即线性相关。针对该问题，Zheng 和 Xu[44]提出，对在数值流形方法中物理覆盖上的局部位移函数采用一阶泰勒展开式，建立了线性无关的高阶数值流形方法。郭朝旭和郑宏[45]提出了改进的 LDL^T 算法，可快速、稳定地求得一个特解。蔡永昌和刘高扬[46]提出了一种基于独立覆盖的高阶数值流形方法，消除了高阶数值流形方法特有的线性相关带来的总体刚度矩阵的奇异性问题。在通过单元加密来提高数值流形方法的计算精度方面，Yang 等[47]提出了一种基于三角形网格的覆盖细化方法，通过该方法可以获得更高的计算精度，并且不显著地增加自由度。祁勇峰等[48]、苏海东和祁勇峰[49]研究了部分重叠覆盖的数值流形方法，提出采用以独立覆盖为主的分析方式，独立覆盖之间仅用较小的部分重叠区域保持连续性，从而将现有的基于完全覆盖的数值流形方法扩展到一般意义上的流形研究。温伟斌[50]用 B 样条函数构造了数值流形方法，并应用于结构动力响应分析。Zhang 等[51]

基于等几何分析的思想，推导了基于二次 B 样条的九结点数值流形方法分析格式，提出了一种数值流形 T 样条局部加密方法。刘治军[52]在需要加密的区域布置规则的精细网格，利用物理覆盖中的网格建立分片插值，实现了数值流形方法中的局部加密。

在模拟裂纹扩展方面，王水林和葛修润[53]率先利用数值流形方法实现了裂纹扩展的模拟。Tsay 等[54]在数值流形方法中提出了一种局部覆盖加密及网格重新划分策略来模拟裂纹扩展。Chiou 等[55]将虚拟裂纹扩展法引入数值流形方法中，实现了对混合型裂纹扩展的模拟。Ma 等[56]充分展示了数值流形方法在处理复杂裂纹方面的优势并提出了奇异物理覆盖的概念。Zhang 等[57]模拟了复杂裂纹的扩展，并分析了裂纹扩展步长对结果的影响。Wu 和 Wong[58-59]将莫尔-库仑强度准则引入数值流形方法中，研究了摩擦力和黏聚力对闭合裂纹扩展的影响，并且详细研究了在含夹杂物的岩石中裂纹扩展的规律。An 等[60]利用数值流形方法模拟了双材料界面裂纹的扩展问题。Zheng 和 Xu[44]解决了利用数值流形方法模拟裂纹扩展的几个关键性问题，包括对弯曲裂纹的处理和裂尖奇异积分的处理。Yang 和 Zheng[61]、Yang 等[62]提出了一种三结点三角形单元和四结点四边形单元用于精确模拟线弹性断裂问题。

数值流形方法解决了材料连续性与非连续性的数学统一表述问题，使得连续变形分析与 DDA 的统一成为可能；无单元法实现了无单元插值，极大地简化了前处理工作与裂纹开裂扩展等问题的计算分析。为了使两种方法的核心思想或数值技术互相融合，许多学者尝试将两种方法相互耦合，并取得了良好的效果。Lin[63]从数值流形方法中两套覆盖、局部近似函数、单位分解、方程离散、单纯形积分等方面全面阐述了数值流形方法的原理，证明了数值流形方法与无网格法的相似性。田荣[64]将无单元 Galerkin 法与数值流形方法相结合，提出了连续变形分析与 DDA 的有限覆盖无单元法。刘欣等[65]基于流形思想，利用有限覆盖、单位分解等概念，引入建立在覆盖上的覆盖函数和具有紧支撑特性的单位分解函数，由此提出了一类新的无网格数值流形方法。栾茂田等[66]将数值流形方法中的有限覆盖技术引入无网格中，提出了有限覆盖无单元法。Li 和 Cheng[67]利用数学覆盖提供的结点形成求解域的有限覆盖和单位分解函数，提出了无网格数值流形方法，用于模拟裂纹扩展。刘丰[68]将无网格法和多边形有限元的插值引入数值流形方法，形成基于移动最小二乘的数值流形方法和多边形数值流形方法，并成功用于渗流分析、广义应力强度因子求解和多裂纹扩展分析等。

实际的隧道和地下工程问题都是三维问题，任何计算方法最终都应该发展成三维并服务于工程实际。近年来，国内外部分学者围绕三维数值流形方法理论及应用做了大量的工作。姜清辉等[69]、姜清辉和周创兵[70]、姜清辉等[71]基于四面体覆盖网格建立了零阶及高阶的三维数值流形方法分析格式，并且成功模拟了三维无压渗流问题，此外该学者对三维数值流形方法中的点面接触模型进行了研究。骆少明等[72]详细推导了三维数值流形方法的 Hammer 积分及剖分规则，系统地研究了三维数值流形方法的理论体系与数值实现方法。宋俊生和大西有三[73]对高阶四边形数值流形方法进行了探讨。周小义和邓安福[74]构造了一种六面体有限覆盖的三维流形单元，并对岩土体的非线性问题进行了计算分析。He 等[75]将三维数值流形方法应用到了裂隙岩质边坡的稳定性分析中。三维接触判断是数值流形方法中的一个关键点和难点，在这方面 Shi[76]于 2015 年提出了新的接触判断理论，该理论将复杂的块体系统接触判断简化为"一个点和进入块体的接触"，从效率和准确性上都有根本性改进。

数值流形方法在渗流场、温度场的求解，以及多场耦合问题上得到了初步应用。魏高峰和冯伟[77]构造了非协调流形单元来改善流形单元的计算精度和计算效率，并将其应用于热传导问题。林绍忠等[78]推导了基于高阶数值流形方法的温度场及温度应力计算公式，为大体积混凝土结构的温度应力仿真计算开辟了新的途径。李树忱等[79]从加权残数法出发推导了拉普拉斯方程数值流形方法的求解公式，对简单渗流和热传导问题进行了求解。刘红岩等[80]在数值流形方法程序的基础上，从最小势能原理出发，阐述了渗流与变形的耦合作用机理，并推导了相应的耦合方程，进而对含初始裂隙的岩石边坡在渗流作用下的破坏过程进行了模拟。Jiang 等[81]提出了解决自由面渗流问题的三维数值流形方法。刘泉声和刘学伟[82-83]基于三角形有限覆盖网格，提出了裂隙岩体二维不稳定温度场求解的数值流形方法。刘学伟等[84]以修正的莫尔-库仑强度准则为岩石裂隙扩展准则，提出了模拟温度-应力耦合过程及其作用下岩体裂隙扩展过程的数值流形方法。

此外，数值流形方法在岩土工程其他领域也得到了成功应用，如隧道的开挖模拟[85-89]、岩体的锚固[90-93]、岩土工程中的动力问题[94-97]。在其他方面，苏海东[98]针对单纯几何非线性的材料大变形问题，提出了固定数学网格的数值流形方法，并用悬臂梁大变形算例验证了固定网格数值流形方法的可行性。位伟等[99]建立了基于有限变形理论的数值流形方法，消除了大变形中转动所带来的误差。

另外，还有许多学者将数值流形方法应用到结构分析等方面。尽管数值流形方法在许多方面有了长足进步，但是作为一种新的有巨大潜力的方法，在理论研究和工程应用方面都还存在着很多不足之处，还需要进一步深入研究。

1.5 本书的研究内容

本书根据石根华提出的数值流形方法，对原有的数值流形方法软件进行了系统研究和改进，研究了提高数值流形方法求解精度及建立数值流形方法中数学网格高效加密算法的策略，并将该方法应用于水利水电工程中，涉及地下洞室开挖卸荷围岩稳定分析、坝基深层抗滑稳定分析、高陡边坡稳定分析、反拱形水垫塘结构稳定分析等工程实例。本书所做的主要工作如下。

（1）对数值流形方法的基本理论进行系统研究，分析数值流形方法与其他数值分析方法的区别和联系。

（2）在对数值流形方法原程序进行阅读和研究的基础上，对程序实现过程和程序实现中的难点问题进行系统的研究与总结。

（3）针对实际应用分析的需要，对数值流形方法的软件进行二次开发。对原有数值流形方法程序中的边界条件、初始应力等进行一系列改进。研究锚固条件下的数值流形方法。

在原程序中加入锚固支护模块,使得该方法能够初步分析实际工程中加锚固支护的岩体的变形和稳定性等问题。

（4）借助等几何分析的基本思想将 B 样条、非均匀有理 B 样条（non-uniform rational B-spline，NURBS）和 T 样条引入数值流形方法，建立基于等几何分析的数值流形方法，利用面向对象的程序设计方法实现相关算法,并利用简单的算例对程序的正确性及有效性进行验证。

（5）介绍数值流形方法在水利水电工程中的应用，包括大型地下洞室开挖卸荷围岩稳定分析、坝基深层抗滑稳定分析、高陡边坡稳定分析、大型水工结构（反拱形水垫塘）稳定分析等工程问题。此外，还研究了 DDA 方法在滑坡破坏运动中的应用实例。研究成果与其他数值分析方法如有限差分方法、有限元法分析成果及部分模型试验成果进行了对比验证。

第 2 章

数值流形方法的基本理论

2.1 引　　言

数值流形方法采用有限覆盖体系（一套数学覆盖，一套物理覆盖，两者相互独立），特别适合分析、模拟不连续介质材料（如裂隙岩体）的大位移、大变形问题，以及处理动边界问题（如带自由面的渗流场、地下洞室分步开挖等）。数值流形方法具有统一处理不连续介质和连续介质问题的能力，在解决节理、裂隙岩体几何大位移及动力、动静交叉等问题方面有其特点，是一种可用于求解同一系统内不同结构岩体非线性变形尤其是沿弱面产生大位移问题的较好的数值分析方法[100-102]。本章主要介绍数值流形方法的基本理论，主要内容包括：2.2 节阐述数值流形方法中的流形、有限覆盖和覆盖位移函数的概念；2.3 节介绍数值流形方法中总体平衡方程的建立；2.4 节重点介绍数值流形方法中的覆盖接触和进入线理论；2.5 节详细介绍数值流形方法采用的单纯形积分策略；2.6 节对比分析数值流形方法和有限元法的联系与区别。

2.2 流形、有限覆盖和覆盖位移函数

2.2.1 流形和有限覆盖

流形是拓扑学中的重要概念，是拓扑学研究的重要几何图形之一。拓扑学是几何学的一个分支，它研究连续变换下几何图形的性质。简单地说，一个流形就是一类物体的集合，一个工程分析区域可视为一个流形，它的响应（如位移、应力）是一个流形的变换，因此，可以应用拓扑学的方法来对其进行研究。例如，对一个流形进行复杂变换，通常可以将其分解为一些简单的图形，如三角形或多边形，然后用一些易于分析的图形来覆盖这些简单的图形。对于工程问题来说，这些覆盖的数量是有限的，故称有限覆盖。

数值流形方法定义了两套有限覆盖，即数学覆盖和物理覆盖。数学覆盖只定义近似解的精度，用来构造覆盖，可以任意选择，相互重叠，但必须覆盖整个材料区域。数学覆盖的网格可以根据工程区域的几何尺寸、要求解的精度和物理性质来选择，常规的网格和域，如规则的格子、有限元网格或级数的收敛域都可以作为数学覆盖。物理覆盖则是实际材料的边界，定义积分区域，包括材料体的边界、裂隙、块体和不同材料区域的交界面等。物理覆盖代表材料的条件，它不能人为选择。材料区域在受外载过程中，产生变形，物理覆盖会发生变化，而数学覆盖则保持不变。用双重网格来研究不连续变形问题的概念也许是数值流形方法最具创造性的方面[102]。

下面举一个简单的例子来说明流形、覆盖、物理覆盖和数学覆盖的概念。

如图 2.1 所示，一边坡的中间有一条贯穿的裂缝，其上部为滑坡体，加上周围的边界形成物理覆盖，物理覆盖是确定性的，不能人为选择。现在要用有限的数学覆盖来覆

盖。数学覆盖可以自由地选择，它必须大得足以覆盖物理覆盖的每个点，由占整个区域的许多有限的可以重叠的覆盖组成。

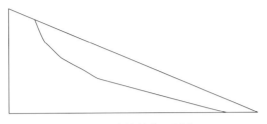

图 2.1 边坡的物理覆盖

如图 2.2 所示，一个有 5 个结点的有限元网格[图 2.2（c）]转换成了 5 个以有限元网格 5 个结点号为编号的 5 个数学覆盖[图 2.2（a）、（b）、（d）、（e）、（f）为编号为 2、4、1、5、3 的 5 个区域]。5 个数学覆盖有彼此相互重叠的部分，但它们的并集构成数学覆盖。

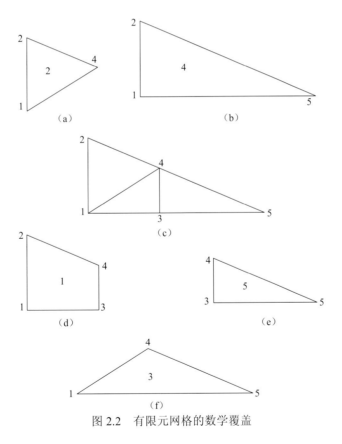

图 2.2 有限元网格的数学覆盖

有了数学覆盖和材料边界等物理覆盖，可以形成物理覆盖系统。物理覆盖是材料边界、不连续面等对数学覆盖的再剖分。

图 2.3 中物理覆盖系统的记法如下：数字代表数学覆盖的序号，其下标表示所剖分的物理覆盖的分区序号。例如，4_1 表示第 4 个数学覆盖被不连续面剖分的第一个区域。因为数学覆盖可以重合，所以数学覆盖剖分成的物理覆盖自然也可以重叠。例如，图 2.3 中的 $ABCD$ 区域是 1_2、3_2 和 4_1 这三个物理覆盖的共同覆盖部分，称为流形单元。

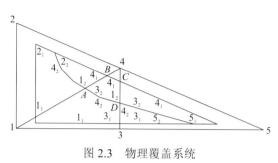

图 2.3　物理覆盖系统

对应于有限元法，这里的物理覆盖 1_2、3_2 和 4_1 代替有限元的结点，物理覆盖的并集交线代替有限元的计算域边界，而物理覆盖的交集则代替有限元法中的单元，称为流形单元。

如果称数学覆盖所形成的单元为原始单元，则图 2.3 中有 3 个原始单元。原始单元有可能被材料体的边界、裂缝等划分成若干流形意义上的单元。图 2.3 有 6 个流形单元，见表 2.1。

表 2.1　原始单元所含流形单元

原始单元	裂缝下部流形单元	裂缝上部流形单元
1，4，2	1_1，2_1，4_2	1_2，2_2，4_1
1，3，4	1_1，3_1，4_2	1_2，3_2，4_1
3，5，4	3_1，4_2，5_2	3_2，4_1，5_1

由表 2.1 可知，原始单元中被裂缝分割的流形单元有不同的物理覆盖号码，因此与裂缝相邻的流形单元是不连续的，可以有不同的位移。

2.2.2　有限覆盖函数和位移函数

覆盖函数建立在物理覆盖上，它可以是常数、线性的或非线性的函数或者级数形式。定义在物理覆盖 i 上的覆盖函数可以表示为

$$\begin{Bmatrix} u_i(x,y) \\ v_i(x,y) \end{Bmatrix} = \begin{bmatrix} 1 & 0 \\ 0 & 1 \end{bmatrix} \begin{Bmatrix} u_{i1} \\ v_{i1} \end{Bmatrix}, \quad (x,y) \in U_i \tag{2.1}$$

完全一阶近似形式为

$$\begin{Bmatrix} u_i(x,y) \\ v_i(x,y) \end{Bmatrix} = \begin{bmatrix} 1 & 0 & x & 0 & y & 0 \\ 0 & 1 & 0 & x & 0 & y \end{bmatrix} \begin{Bmatrix} u_{i1} \\ v_{i1} \\ u_{i2} \\ v_{i2} \\ u_{i3} \\ v_{i3} \end{Bmatrix}, \quad (x,y) \in U_i \tag{2.2}$$

完全二阶近似形式为

$$\begin{Bmatrix} u_i(x,y) \\ v_i(x,y) \end{Bmatrix} = \begin{bmatrix} 1 & 0 & x & 0 & y & 0 & x^2 & 0 & y^2 & 0 & xy & 0 \\ 0 & 1 & 0 & x & 0 & y & 0 & x^2 & 0 & y^2 & 0 & xy \end{bmatrix} \begin{Bmatrix} u_{i1} \\ v_{i1} \\ u_{i2} \\ v_{i2} \\ u_{i3} \\ v_{i3} \\ u_{i4} \\ v_{i4} \\ u_{i5} \\ v_{i5} \\ u_{i6} \\ v_{i6} \end{Bmatrix} \tag{2.3}$$

其中，$(x,y) \in U_i$。

一般形式为

$$\begin{Bmatrix} u_i(x,y) \\ v_i(x,y) \end{Bmatrix} = \begin{Bmatrix} \sum_{j=1}^{m} u_{ij} S_{ij}(x,y) \\ \sum_{j=1}^{m} v_{ij} S_{ij}(x,y) \end{Bmatrix}, \quad (x,y) \in U_i \tag{2.4}$$

式中：m 为物理覆盖 i 上所定义的位移函数的项数；u_{ij}、v_{ij} 为物理覆盖 i 上第 j 个沿 x 向和 y 向的位移变量；$S_{ij}(x,y)$ 为物理覆盖 i 上的基本函数。

利用权函数 $W_{e(i)}(x,y)$ 将覆盖函数加权求和，形成总体位移函数 $u(x,y)$、$v(x,y)$，即

$$\begin{Bmatrix} u(x,y) \\ v(x,y) \end{Bmatrix} = \sum_{i=1}^{q} W_{e(i)}(x,y) \begin{Bmatrix} u_i(x,y) \\ v_i(x,y) \end{Bmatrix} = \begin{Bmatrix} \sum_{i=1}^{q} W_{e(i)}(x,y) \sum_{j=1}^{m} u_{ij} S_{ij}(x,y) \\ \sum_{i=1}^{q} W_{e(i)}(x,y) \sum_{j=1}^{m} v_{ij} S_{ij}(x,y) \end{Bmatrix} \tag{2.5}$$

式中：q 为单元 e 上的物理覆盖数；$W_{e(i)}$ 为物理覆盖 i 上的位移函数对单元 e 的贡献权值，

$$\sum_{i=1}^{q} W_{e(i)}(x,y) = 1 \tag{2.6}$$

并且

$$\begin{cases} W_{e(i)}(x,y) \geqslant 0, & (x,y) \in U_i \\ W_{e(i)}(x,y) = 0, & (x,y) \notin U_i \end{cases}$$

其中，U_i 为构成流形单元 e 的物理覆盖 i。

将式（2.5）简写为

$$\begin{Bmatrix} u(x,y) \\ v(x,y) \end{Bmatrix} = \boldsymbol{T}_e \boldsymbol{D}_e \tag{2.7}$$

其中，

$$\boldsymbol{T}_e(x,y) = [\boldsymbol{T}_{e(1)}(x,y) \quad \boldsymbol{T}_{e(2)}(x,y) \quad \cdots \quad \boldsymbol{T}_{e(q)}(x,y)] \tag{2.8}$$

$$\boldsymbol{T}_{e(i)}(x,y) = \begin{bmatrix} f_{i1} & 0 & \cdots & f_{ij} & 0 & \cdots & f_{im} & 0 \\ 0 & f_{i1} & \cdots & 0 & f_{ij} & \cdots & 0 & f_{im} \end{bmatrix}$$

$$f_{ij} = W_{e(i)}(x,y)S_{ij}(x,y), \quad i=1,2,\cdots,q; j=1,2,\cdots,m \tag{2.9}$$

$$\boldsymbol{D}_e = [\boldsymbol{D}_{e(1)} \quad \boldsymbol{D}_{e(2)} \quad \cdots \quad \boldsymbol{D}_{e(q)}]^{\mathrm{T}} \tag{2.10}$$

$$\boldsymbol{D}_{e(i)} = [u_{i1} \quad v_{i1} \quad \cdots \quad u_{im} \quad v_{im}] = [d_{i1} \quad d_{i2} \quad \cdots \quad d_{i2m}] \tag{2.11}$$

在二维有限元的情况下，物理覆盖上的位移函数为常数，形函数正好是权函数。当位移函数取级数形式时，未知数实质上为级数式中每项的系数 d_{ir}（$r=1,2,\cdots,2m$）。因此，所求的位移为广义位移。

2.3 总体平衡方程的建立

在数值流形方法中，利用最小势能原理建立总体平衡方程。设分析域内有 N 个流形单元，n 个物理覆盖，每个覆盖有 $2m$ 个待求量，则整体系统的总势能为

$$\Pi = \sum_{e=1}^{N} \iint_{A_e} \frac{1}{2} \boldsymbol{\varepsilon}^{\mathrm{T}} \boldsymbol{\sigma} \mathrm{d}A + C \tag{2.12}$$

式中：$\boldsymbol{\varepsilon}$ 为应变；$\boldsymbol{\sigma}$ 为应力；A_e 为流形单元求解域。

式（2.12）中，方程右边第一项是变形势能；第二项 C 为其他势能，它包括初始应力势能、点荷载势能、固定点势能、体积力势能、惯性力势能、不连续面接触法向弹簧势能、不连续面接触剪切弹簧势能、不连续面接触摩擦力势能等。

对于覆盖 i，根据最小势能原理

$$\frac{\partial \Pi}{\partial d_{ir}} = 0, \quad r=1,2,\cdots,2m \tag{2.13}$$

导出系统的总体平衡方程，为

$$\begin{bmatrix} K_{11} & K_{12} & K_{13} & \cdots & K_{1n} \\ K_{21} & K_{22} & K_{23} & \cdots & K_{2n} \\ K_{31} & K_{32} & K_{33} & \cdots & K_{3n} \\ \vdots & \vdots & \vdots & & \vdots \\ K_{n1} & K_{n2} & K_{n3} & \cdots & K_{nn} \end{bmatrix} \begin{Bmatrix} \boldsymbol{D}_1 \\ \boldsymbol{D}_2 \\ \boldsymbol{D}_3 \\ \vdots \\ \boldsymbol{D}_n \end{Bmatrix} = \begin{Bmatrix} \boldsymbol{F}_1 \\ \boldsymbol{F}_2 \\ \boldsymbol{F}_3 \\ \vdots \\ \boldsymbol{F}_n \end{Bmatrix} \tag{2.14}$$

式中：D_i 为覆盖 i 内待求的广义位移变量$[d_{i1} \quad d_{i2} \quad \cdots \quad d_{i2m}]^{\mathrm{T}}$，如果取位移覆盖函数为级数形式，则它与 n 阶完全多项式的线性组合构成常规意义下的位移；F_i 为覆盖 i 内分布到 $2m$ 个广义位移分量上的荷载$[F_{i1} \quad F_{i2} \quad \cdots \quad F_{i2m}]^{\mathrm{T}}$；$K_{ij}$ 为刚度系数，具有正定对称性。

将式（2.14）简写为

$$KD = F \tag{2.15}$$

式中：F 为总体荷载列阵；D 为总体位移变量列阵；K 为总体刚度矩阵。

对于流形单元 e，刚度子矩阵可直接表示为

$$K_e = K_{0e} + K_{ce} \tag{2.16}$$

其中，

$$K_{0e} = \iint_{A_e} B_0^{\mathrm{T}} E B_0 \mathrm{d}A \tag{2.17}$$

是由形变势能对广义位移变量求二阶导数得到的刚度矩阵项，其积分均是在物理覆盖的交集（即流形单元 e）上进行的，E 为弹性矩阵，B_0 为应变矩阵；

$$K_{ce} = K_{惯e} + K_{固定点e} + K_{接触e} + K_{其他e} \tag{2.18}$$

是惯性力、固定点约束、法向弹簧、切向弹簧等对总体刚度矩阵的贡献，它们的具体形式可以通过计算相应的势能导出，详细推导参见文献[30]。把它们代入总体刚度矩阵即可对总体平衡方程求解。

2.4 覆盖接触和进入线理论

覆盖接触的不连续边界必须连接成一个系统。不连续边界的位移必须满足接触面间不受拉（或不超过允许值）和无嵌入。以覆盖接触为基础的运动学理论，用刚性接触弹簧满足接触条件，把时间步选得足够小，使覆盖上所用点的位移小于规定的极限值 ρ，转动角小于 δ。这样，各点位移$[u(x, y)$、$v(x, y)]$、转动 $r(x, y)$、变形能精确地按覆盖未知数 D_i 的线性函数来描述。

基于小的步位移，规定在每个时间步的开始时接触，接触是两条边形成的。时间步终了时，对于每对可能接触的边，其一条边对另一条边的嵌入或进入（相靠）定义为接触。因为实际上接触时两条边上不允许有嵌入，所以接触仅仅是进入。

接触分为两种：角对边接触和角对角接触。边对边的接触可以转变为角对边的接触。

两个覆盖接触的距离要小于 $2d$，有转动时重叠角要小于 2δ。进入线是判断和确定接触的重要依据。有三种接触：①一条边和一个凸角的接触，有一条进入线；②一个小于 $180°$ 的凸角和一个大于 $180°$ 的凹角的接触，有两条进入线；③两个凸角的接触，有两条进入线。为防止接触时的嵌入，在进入线上设置刚性弹簧。角点 P_1 到接触线 P_2P_3 的距离 d（图 2.4）为

$$d = 1/l \begin{vmatrix} 1 & x_1+u_1 & y_1+v_1 \\ 1 & x_2+u_2 & y_2+v_2 \\ 1 & x_3+u_3 & y_3+v_3 \end{vmatrix} \qquad (2.19)$$

$$l = \sqrt{(x_2+u_2-x_3-u_3)^2+(y_2+v_2-y_3-v_3)^2} \qquad (2.20)$$

式中：(x_1, y_1)、(x_2, y_2)、(x_3, y_3) 分别为 P_1、P_2、P_3 的坐标；(u_1, v_1)、(u_2, v_2)、(u_3, v_3) 分别为 P_1、P_2、P_3 的位移。

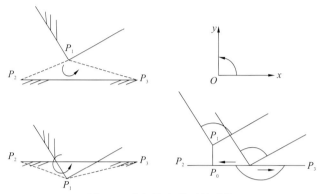

图 2.4　进入线上的刚性弹簧

法向弹簧的势能为

$$\varPi_n = (p/2)d^2 = (p/2)(\boldsymbol{H}^{\mathrm{T}}\boldsymbol{D}_i + \boldsymbol{G}^{\mathrm{T}}\boldsymbol{D}_j + S_0/l)^2 \qquad (2.21)$$

式中：p 为罚弹簧刚度；

$$S_0 = \begin{vmatrix} 1 & x_1 & y_1 \\ 1 & x_2 & y_2 \\ 1 & x_3 & y_3 \end{vmatrix} + \begin{vmatrix} 1 & u_1 & y_1 \\ 1 & u_2 & y_2 \\ 1 & u_3 & y_3 \end{vmatrix} + \begin{vmatrix} 1 & x_1 & v_1 \\ 1 & x_2 & v_2 \\ 1 & x_3 & v_3 \end{vmatrix} \qquad (2.22)$$

$$\boldsymbol{H} = (1/l)\boldsymbol{T}_i(x_1, y_1)^{\mathrm{T}} \begin{Bmatrix} y_2-y_3 \\ x_3-x_2 \end{Bmatrix} \qquad (2.23)$$

$$\boldsymbol{G} = (1/l)\boldsymbol{T}_j(x_2, y_2)^{\mathrm{T}} \begin{Bmatrix} y_3-y_1 \\ x_1-x_3 \end{Bmatrix} + (1/l)\boldsymbol{T}_j(x_3, y_3)^{\mathrm{T}} \begin{Bmatrix} y_1-y_2 \\ x_2-x_1 \end{Bmatrix} \qquad (2.24)$$

其中，$\boldsymbol{T}_i$、$\boldsymbol{T}_j$ 分别为接触对应流形单元 i 和 j 的形函数。

设 P_0 是角点 P_1 在进入线 P_2P_3 上的接触点，则接触弹簧在 P_2P_3 方向上与点 P_1 和 P_0 接触。沿 P_2P_3 方向点 P_1 和 P_0 的剪切位移 d_s 是

$$d_s = (1/l)[(x_3+u_3)-(x_2+u_2)(y_3+v_3)-(y_2+v_2)] \begin{Bmatrix} (x_1+u_1)-(x_0+u_0) \\ (y_1+v_1)-(y_0+v_0) \end{Bmatrix} \qquad (2.25)$$

剪切弹簧的势能为

$$\varPi_s = (p/2)d_s^2 = (p/2)(\boldsymbol{H}^{\mathrm{T}}\boldsymbol{D}_i + \boldsymbol{G}^{\mathrm{T}}\boldsymbol{D}_j + S_0/l)^2 \qquad (2.26)$$

其中，

$$S_0 = [x_3-x_2 \quad y_3-y_2] \begin{Bmatrix} x_1-x_0 \\ y_1-y_0 \end{Bmatrix} \qquad (2.27)$$

$$\boldsymbol{H} = (1/l)\boldsymbol{T}_i(x_1,y_1)^{\mathrm{T}}\begin{Bmatrix} x_3 - x_2 \\ y_3 - y_2 \end{Bmatrix} \qquad (2.28)$$

$$\boldsymbol{G} = (1/l)\boldsymbol{T}_j(x_0,y_0)^{\mathrm{T}}\begin{Bmatrix} x_2 - x_3 \\ y_2 - y_3 \end{Bmatrix} \qquad (2.29)$$

当内摩擦角 ϕ 不为零时，法向弹簧引起的摩擦力为

$$F = pd_n s \tan\phi \qquad (2.30)$$

式中：d_n 为法向的嵌入距离；$\tan\phi$ 为摩擦系数；s=sign，为 P_1 在 P_2P_3 方向上相对的位移符号，当 $x>0$ 时，sign(x) 为 1，当 $x=0$ 时，sign(x) 为 0，当 $x<0$ 时，sign(x) 为-1。

在 P_1 一边的摩擦力 F 的势能是

$$\Pi_f = F\boldsymbol{D}_i^{\mathrm{T}}\boldsymbol{H} \qquad (2.31)$$

其中，

$$\boldsymbol{H} = (1/l)\boldsymbol{T}_i(x_1,y_1)^{\mathrm{T}}\begin{Bmatrix} x_3 - x_2 \\ y_3 - y_2 \end{Bmatrix} \qquad (2.32)$$

在 P_0 一边的摩擦力 F 的势能是

$$\Pi_f = -F\boldsymbol{D}_j^{\mathrm{T}}\boldsymbol{G} \qquad (2.33)$$

其中，

$$\boldsymbol{G} = (1/l)\boldsymbol{T}_j(x_0,y_0)^{\mathrm{T}}\begin{Bmatrix} x_2 - x_3 \\ y_2 - y_3 \end{Bmatrix} \qquad (2.34)$$

对以上各项势能取极小值，可得各项系数，并加到总体系数矩阵中去。

2.5　数值流形方法的单纯形积分

　　数值流形方法解积分方程时与有限元法不同，因为有限元法解的是连续体，网格可以采用简单的标准形状，所以可以进行复合形积分。而数值流形方法要解的是非连续体，它的非连续覆盖的形状是很复杂的，不能任意简化，因此与有限元法相反，它需在复合形状上进行单纯形积分，办法是将任意复杂的形状分解为简单的单纯形，在单纯形上进行单纯形积分，然后求其有向和。图 2.5 表示复合形上的单纯形积分。

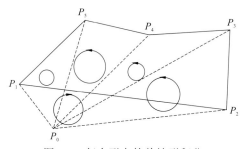

图 2.5　复合形上的单纯形积分

单纯形在 $1, 2, \cdots, n'$ 维空间有最简单的形状。与普通积分不同，单纯形积分只以单纯形为积分域。单纯形有正负方向，分别规定正负体积。例如，已知多边形 $P_1P_2P_3P_4P_5P_6$，$P_1 = P_6$，P_i 从 x 到 y 向同一方向转动。对于任一点 P_0，二维单纯形体积（面积）$P_0P_1P_2$、$P_0P_2P_3$、$P_0P_3P_4$、$P_0P_4P_5$ 和 $P_0P_5P_1$ 的代数和（$P_0P_1P_2$ 的面积为负的，其余都为正的）是多边形 $P_1P_2P_3P_4P_5P_6$ 的面积，即

$$P_1P_2P_3P_4P_5P_6 = P_0P_1P_2 + P_0P_2P_3 + P_0P_3P_4 + P_0P_4P_5 + P_0P_5P_1$$

对于被积函数 $f(x, y)$，多边形的标准积分是单纯形积分的代数和：

$$\iint_{P_1P_2P_3P_4P_5P_6} f(x,y)D(x,y)\mathrm{d}x\mathrm{d}y = \sum_{i=1}^{5} \iint_{P_0P_iP_{i+1}} f(x,y)D(x,y)\mathrm{d}x\mathrm{d}y \tag{2.35}$$

其中，二维单纯形可定义为

$$\iint_{P_0P_iP_{i+1}} f(x,y)D(x,y)\mathrm{d}x\mathrm{d}y = \mathrm{sign}\,(J) \iint_{P_0P_iP_{i+1}} f(x,y)\mathrm{d}x\mathrm{d}y \tag{2.36}$$

其面积是有向的三角形，则 $\mathrm{sign}(J)$ 中的 J 为行列式

$$J = (1/2!)\begin{vmatrix} 1 & x_0 & y_0 \\ 1 & x_i & y_i \\ 1 & x_{i+1} & y_{i+1} \end{vmatrix} \tag{2.37}$$

同样，对于任意形状的三维复合体，可用三维单纯形积分。单纯形积分可扩展到 n' 维。

2.6 数值流形方法与有限元法的比较

数值流形方法与有限元法的区别和联系主要有以下几个方面。

（1）数值流形方法中的覆盖位移函数可以是任意级数形式，而有限元法是常函数。正是由于这一基本位移模式的不同，数值流形方法的方程与有限元法的公式有一定差异。对于覆盖函数为线性函数的情况，基本未知数不是结点的位移，而是单元内总体位移的级数式中每项的系数。因而，约束条件不再是一种简单地输入结点位移或赋零值的形式，而是通过设置约束点弹簧，输入相关单元、结点的已知位移进行计算，以获取约束或已知位移对总体平衡方程的贡献。对于已知的结点荷载，也需要经过转换计算等。因此，数值流形方法在处理方式上比有限元法复杂，而精度比有限元法要高些[102]。

（2）对于接触问题，在数值流形方法中，接触理论基本上采用了 DDA 的理论，其中的三个不等式为：接触中的物理覆盖不嵌入；接触中的物理覆盖之间无拉伸；接触中的物理覆盖之间的滑动摩擦满足莫尔-库仑强度准则。在接触分析中，采用法向接触弹簧、切向接触弹簧、摩擦力弹簧来模拟接触状态。它们既对刚度矩阵有贡献，又对相应的力有贡献。这与有限元法在接触问题处理、公式建立、模拟计算等方面均完全不同。

（3）静力问题和动力问题的交融为数值流形方法提供了惯性力、速度的计算格式。在静力计算过程中，若有逐渐转化为随时间变化的运动趋势或运动状态，仍可继续分析和模拟，这与静力有限元法的计算格式和动力有限元法的计算方程均不同。

（4）当将有限元网格作为数学覆盖时，数值流形方法可以提高位移覆盖函数的阶次，

即通常所讲的"广义有限元法"[103-107]。在有限覆盖情况下，有限元法和数值流形方法有一些对应关系，见表 2.2。

表 2.2　有限元法与数值流形方法的对应关系

方法	对应关系		
有限元法	点	单元	边界
数值流形方法	物理覆盖	物理覆盖的交集	物理覆盖并集的边界

（5）数值流形方法与 P 型自适应有限元法的区别：P 型自适应有限元法是部分或者全部增加每个单元上的结点数目，从而提高单元形函数的阶次；而数值流形方法的特点是覆盖位移函数可任意构造，可以达到同样的目的。

（6）有限元法在处理非连续和接触大变形、大位移时，有其局限性；而数值流形方法吸收了 DDA 方法在处理不连续问题方面的优势，可以方便地模拟接触非线性和几何非线性问题，而且可以将连续和非连续问题统一起来处理。

[第 3 章]

经典数值流形方法的若干改进

3.1 引 言

数值流形方法的程序是理论的最终实现，该方法要同时处理连续和非连续的情况，所以其程序有自身的特点，主要体现在双重网格（即物理网格和数学网格）的拓扑生成和处理、接触问题处理等方面。该方法大位移的产生是小位移累加的结果，在处理不连续面的接触问题时，沿用了 DDA 方法的接触理论，要求反复进行接触和侵入判断，并反复求解总体平衡方程。在计算的循环和迭代过程中，引入时间步加以控制。控制包括两个方面：一方面是时间步步数和步长的控制；另一方面是每一个时间步内覆盖允许发生的最大位移相对于允许最大位移的比例系数的控制。在每一个时间步内，一般需要迭代多次才能达到平衡，并满足无嵌入和无拉伸的条件。本章主要针对数值流形方法的程序实现过程及程序实现的难点问题进行了研究和总结，并给出了原有程序的数据文件格式。

在本章中，对数值流形方法的程序实现进行研究，分析前处理和计算主体部分的实现流程，以及接触判断的实现过程。本章还总结覆盖系统拓扑生成过程中的典型几何问题，并分析程序实现的部分难点问题。最后，给出原有程序的部分程序说明。

目前，数值流形方法的实际应用较少，且程序使用过程中还存在着许多不便于实际应用之处。因此，本章针对程序使用过程中存在的一些局部问题及部分分析功能要求，对程序中的几个方面进行改进。岩土工程中，锚固支护是最常用的支护措施，已有多种数值方法对锚固措施进行了模拟，但用数值流形方法对不均匀介质中的锚固支护措施模拟的文献并不多见，因此本章还在数值流形方法中加入模拟锚固支护的功能模块，使之能用于模拟锚固支护对工程结构的影响。最后，本章应用算例对改进后的程序进行验证。

在本章中对原有程序进行一系列局部完善和改进，使之更加便于应用；建立带锚杆的数值流形方法模型。在建立锚固模型时，考虑锚杆强度条件，允许锚杆按理想弹塑性条件发生塑性破坏。分析实例表明，该模型反映的岩体力学变形特性是正确的，同时通过算例展示该方法在处理连续介质和非连续介质并存问题时的优势。

3.2 数值流形方法的程序实现

程序的实现主要包括三个部分：第一部分的主要功能是输入物理网格和数学网格，由有限覆盖形成流形单元，并找到相应的接触，绘出数学覆盖、物理覆盖及流形单元，最终形成数据文件提供给计算部分。第二部分是计算分析程序，由前处理提供的各种数据信息，加上计算本身的控制参数，进行计算分析，最终得出单元系统的应力、位移等信息并形成数据文件和图形显示。第三部分是后处理部分，主要进行图形的后处理。

3.2.1 前处理主体程序

前处理主体程序（MC 部分）的主要功能是前处理，由输入的几何参数通过拓扑生成流形单元的覆盖系统，并产生覆盖系统的几何信息数据文件，提供给计算部分，同时进行图形的实时显示。MC 部分共有 39 个程序段，其中，有 1 个主程序，其余为子程序（子函数），MC 部分框图如图 3.1 所示。

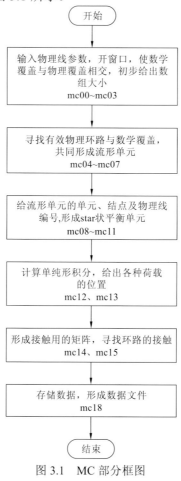

图 3.1　MC 部分框图

mc00～mc15、mc18 为子程序名

3.2.2 计算分析程序

计算分析程序（MF 部分）是整个程序的主体，主要功能是根据 MC 部分中生成的流形单元，集成总的系数矩阵，求解位移、应力，在整个过程中要不断进行接触判断，以满足无嵌入、无张拉的条件。最终形成数据文件，并将计算结果实时转换为动态图形。MF 部分共有 29 个程序段，其中有 1 个主程序，有 28 个子程序（子函数），现将各子程序的主要功能简述如下。

图 3.2 为 MF 部分的框图，计算部分是一个反复迭代的过程，不断进行接触判断，通过加减罚弹簧来满足接触判断的条件，从而需要不断地更新总体系数矩阵，求解总体平衡方程。计算过程中引入时间步参数进行控制，在每步内要不断增减罚弹簧和改变接

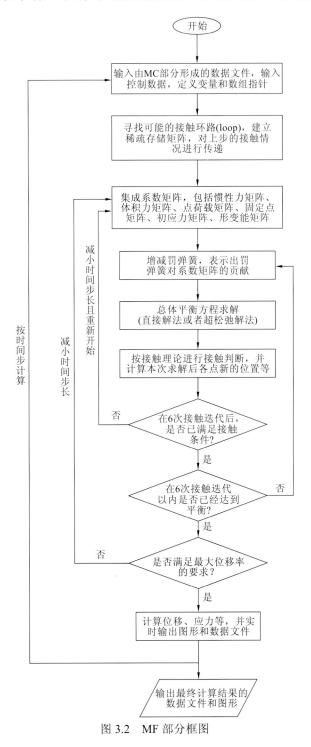

图 3.2　MF 部分框图

触点的位置来满足平衡条件与接触条件，当 6 次迭代后仍然不满足接触条件时，可通过减小时间步长的方式解决。计算中设置的求解方程组的相对误差为 10^{-8}，采用超松弛迭代法求解方程组，迭代次数上限设置为 600 次。

接触判断的实现框图见图 3.3。

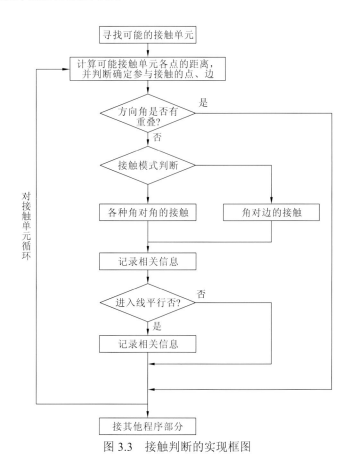

图 3.3　接触判断的实现框图

3.3　程序实现的几个典型问题和难点问题

3.3.1　程序中典型的几何问题

1. 两条线段的交点

两条线段交点的求法很多，程序中应用的方法具有典型性，在编程中具有较好的应用效果。如图 3.4 所示，$v_1 v_2$、$v_3 v_4$ 相交，线段 $v_1 v_2$ 可用参数方程表示为

$$x = x_1 + (x_2 - x_1)t_1, \quad 0 \leqslant t_1 \leqslant 1 \tag{3.1}$$

$$y = y_1 + (y_2 - y_1)t_1, \quad 0 \leqslant t_1 \leqslant 1 \tag{3.2}$$

线段 v_3v_4 可用参数方程表示为

$$x = x_3 + (x_4 - x_3)t_2, \quad 0 \leqslant t_2 \leqslant 1 \tag{3.3}$$

$$y = y_3 + (y_4 - y_3)t_2, \quad 0 \leqslant t_2 \leqslant 1 \tag{3.4}$$

其中，参数 t_1、t_2 为线段长度的比例因子，在 0 到 1 变化；t_1 或者 t_2 不在定义范围内时，交点位于某线段的延长线上，两线段不存在真实的交点，程序中设定比例因子小于 -0.000 01 或者比例因子大于 1.000 01 时交点在某条线段的延长线上。

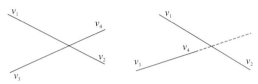

图 3.4　线段相交示意图

由式（3.1）～式（3.4）得

$$x_1 + (x_2 - x_1)t_1 = x_3 + (x_4 - x_3)t_2 \tag{3.5}$$

$$y_1 + (y_2 - y_1)t_1 = y_3 + (y_4 - y_3)t_2 \tag{3.6}$$

即

$$\begin{bmatrix} x_2 - x_1 & x_3 - x_4 \\ y_2 - y_1 & y_3 - y_4 \end{bmatrix} \begin{Bmatrix} t_1 \\ t_2 \end{Bmatrix} = \begin{Bmatrix} x_3 - x_1 \\ y_3 - y_1 \end{Bmatrix} \tag{3.7}$$

如方程（3.7）有解，且 t_1、t_2 满足式（3.1）～式（3.4）中的条件，则交点位于两线段之内；如有解，但 t_1、t_2 不满足式（3.1）和式（3.2）中的条件，则交点位于线段的延长线上；如无解，即方程的行列式为零，则两线段平行，或者位于同一直线上。

2. 点是否位于区域内的判断

在判断区域之间的包含关系时，通常要遇到判断点是否位于区域内的问题。判断点是否位于区域内属于程序实现中的典型问题。

目前，判断方法主要有角度法、面积法、射线法。角度法是该点与区域各棱边端点所成的有向角（以待判断点为顶点的角）之和若为 $0°$，则该点在区域外；若为 $360°$，则该点在区域内。面积法是由该点与区域各棱边两个顶点组成三角形，求解各三角形的有向面积和，若有向面积和小于零，则该点位于区域之内；若有向面积和大于零，则该点在区域外。射线法是通过待判断点任意作一条射线，射线将与区域的一些棱边相交，若交点数为奇数，则该点在区域内；若交点数为偶数（包括零），则该点在区域外，如图 3.5 所示。

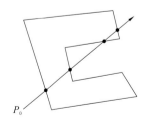

图 3.5　射线法判断点是否在区域内

　　程序实现采用了易于编程的射线法。当从点 P_0 引出的射线通过区域的任一顶点时，该方法会产生求解错误。为了避免出现这种现象，在编程时，可采用随机生成射线方法。首先判断产生的交点与区域的各顶点之间的距离，若距离小于某个给定的小量，则认为该点与某顶点重合；若距离大于给定的小量，则计算该点到各顶点的方向角，给计算出的方向角一个随机的增量，使射线偏离可能通过的顶点，但该增量不能过小，程序设定其要大于 0.01 rad。然后，计算所引出的射线与区域的各棱边的交点，计算交点个数，最后判断该点是否位于区域内部。

3. 在区域内找一点

　　在区域之间包含关系的判断中，通常首先要解决如何在区域内选点的问题，这也是形成覆盖系统过程中的典型问题。

　　在程序实现时，可采用如下方法：如图 3.6 所示，选取某一棱边计算出中点 b_0，并在该棱边的中垂线上选取适当的点 b_1，与棱边中点形成线段 b_0b_1。求出该线段与其他棱边的交点 $a_1, a_2, \cdots, a_n$，取各交点中离 b_0 最近的点为 a_1，计算线段 b_0a_1 的中点 a_0，a_0 即所求。

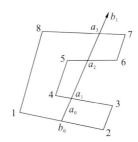

图 3.6　交点法选取区域内一点

4. 接触类型判断中的几何问题

　　在接触类型判断中，首先要判断两个单元（或环路）是否可能发生接触，然后要判断接触属于哪一种接触类型。程序中规定了单元最大的移动距离 d，如图 3.7 所示。若单元 i 移动到单元 j 的虚线范围内，则可能发生接触，否则不发生接触；若移动到以单元 j 的端点为圆心的任意一个圆内，则发生角对角接触，否则发生角对边接触。

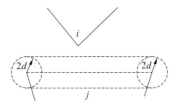

图 3.7　接触类型判断示意图

3.3.2　系数矩阵稀疏存储问题

现有的大多数系数矩阵的存储方法是一种紧凑法，即通过重新排列未知数的次序，使非零元素排列到联立方程系数矩阵的主对角线附近。与此相反，非零存储法可以将非零元素稀疏分布于整个系数矩阵内。这种方法使非零元素稀疏地分布于整个矩阵内，不必使非零元素位于主对角线附近，在计算和分配空间时，仅有非零元素参加运算。

其主要思想是，利用一个索引矩阵"记忆"系数矩阵中非零元素的位置。图论方法用矩阵 $Q_e = (q_{ij})$ 把非零元素记录在 Q_e 的第 i 行中，矩阵 Q_e 可用 1 到 n 的覆盖联系矩阵表示。当记录可在 Q_e 的第 i 行找到时，说明在覆盖 i 和覆盖 j 之间存在联系，彼此在形成系数矩阵时相互有贡献。而对 Q_e 中的元素按覆盖顺序建立一维索引矩阵 k_0，记录 Q_e 中的元素（都是非零元素）联系情况。总体系数矩阵容量根据索引矩阵 k_0 的大小而定。MF 部分中的子程序 mf06 主要实现这一功能。

通过下面的例子简要介绍其实现过程。如图 3.8 所示，该分析区域有一条裂纹，共形成 6 个流形单元，8 个物理覆盖，在相应位置加锚杆。将三角形有限元网格作为数学覆盖。用一维数组 $K[i]$ 记录各覆盖（结点）间的联系，包括结点间的连接、由接触造成的结点间的联系，另外还有由加锚固矩阵造成的覆盖（结点）间的联系（将在 3.5 节中详述锚固问题）。用数组 $K_3[m1+1][4]$ 索引 $K[i]$。$K_3[i][1]$ 表示覆盖 i 在 $K[i]$ 中的起始位置，$K_3[i][2]$ 表示与覆盖 i 有联系的覆盖数目，$K_3[i][3]$ 表示数组上限值。

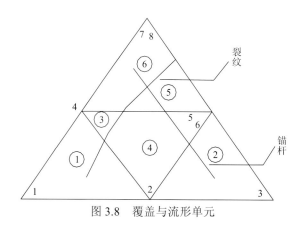

图 3.8　覆盖与流形单元

如图 3.8 所示，各流形单元对应的覆盖为

①—1　4　2　　　②—2　5　3　　　③—4　6　2
④—4　5　2　　　⑤—4　8　5　　　⑥—4　7　6

在稀疏存储中的索引矩阵和联系矩阵如下：

i	$K_3[i][1]$	$K_3[i][2]$	$K_3[i][3]$
1	1	3	20
2	4	5	20
3	9	2	20
4	11	5	20
5	16	4	20
6	20	3	20
7	23	2	20
8	25	1	20

i	$K[i]$
1	1
2	2
3	4
4	2
5	4
6	3
7	5
8	6
9	3
10	5
11	4
12	5
13	6
14	7
15	8
16	5
17	8
18	6
19	7
20	6
21	7
22	8
23	7
24	8
25	8

加锚杆后的稀疏存储中的索引矩阵和联系矩阵如下:

i	$K_3[i][1]$	$K_3[i][2]$	$K_3[i][3]$
1	1	3	20
2	4	6	20
3	10	5	20
4	15	5	20
5	20	4	20
6	24	3	20
7	27	2	20
8	29	1	20

i	$K[i]$
1	1
2	2
3	4
4	2
5	4
6	3
7	5
8	6
9	7
10	3
11	5
12	4
13	6
14	7
15	4
16	5
17	6
18	7
19	8
20	5
21	8
22	6
23	7
24	6
25	7
26	8
27	7
28	8
29	8

3.3.3　接触理论中的问题

接触理论在程序实现中的难点有：进入线的选择判断，随时间步迭代过程中的接触传递（即开—合迭代问题）。程序接触部分的实现框图见图3.3。

进入线是判断和确定接触的重要理论，首先要找到可能发生接触或接触变化的流形单元，然后通过进入线理论的判断选择进入线。进入线情况分为：①一条边和一个凸角的接触，有一条进入线；②一个小于180°的凸角和一个大于180°的凹角的接触，有两条进入线；③两个凸角的接触，有两条进入线。进入线的判断和选择由MF部分中的子程序mf03和mf04来实现。

接触的以下几何参数和物理参数被传递：①接触的顶点和边缘；②接触点的位置；③法向位移和法向力；④切向位移和切向力；⑤锁定的或者滑动的接触状态。

在每个时间步内，要通过加设和取消刚性弹簧来保证接触中无嵌入且无张拉力情况出现。如果接触在法向弹簧上出现拉力，在刚性弹簧取消后两边将分离；若顶点嵌入接触的另一边，则要加上一个刚性弹簧。对于一种接触，有三种模式：张开、滑动和锁定。模式变化的准则见表3.1。

表 3.1　接触模式变化与接触条件

模式变化	条件
张开—张开	$N>0$
张开—滑动	$N<0,\|T\|>\tan\phi\|N\|$
张开—锁定	$N<0,\|T\|<\tan\phi\|N\|$
滑动—张开	$N>0$
滑动—滑动	$N<0,t\|-f$
滑动—锁定	$N<0,t\|f$
锁定—张开	$N>0$
锁定—滑动	$N<0,\|T\|>\tan\phi\|N\|$
锁定—锁定	$N<0,\|T\|<\tan\phi\|N\|$

其中，N 是法向位移，$N>0$ 为张开；t 表示 $\overrightarrow{P_2P_3}$ 的剪切位移矢量；T 是剪切位移，若 t 的指向与 $\overrightarrow{P_2P_3}$ 的方向相同，则 $T>0$；‖表示两矢量同方向；f 是指向 $\overrightarrow{P_2P_3}$ 的摩擦力矢量；ϕ 是内摩擦角。

对接触传递的准则要进行如下操作，见表3.2。

表 3.2　接触传递准则与条件变化

模式变化	条件
张开—张开	不变化
张开—滑动	用一对摩擦力
张开—锁定	施加法向和切向弹簧
滑动—张开	消除摩擦力
滑动—滑动	不变化
滑动—锁定	消去摩擦力且加切向弹簧
锁定—张开	消去法向和切向弹簧
锁定—滑动	消去切向弹簧且用摩擦力
锁定—锁定	不变化

MF 部分中的子程序 mf05、mf17、mf18 和 mf26 实现此功能。

3.3.4　时间步问题（动力与静力结合问题）

数值流形方法可按时间步计算静力学和动力学问题。对大位移和大变形来说，静力学是相当长时间后的动力学的极限稳定状态。

数值流形方法计算是随时间步进行的，时间步足够小可以使二阶位移项忽略不计。因此，所有几何和物理参数必须从上一时间步的终了传递到下一时间步的开始，这些参数包括：①单元的应力；②单元的应变；③各单元的速度、加速度；④裂隙边界和单元的几何位置；⑤所有的接触状态。对于时间步长和时间步数等参数的取值问题将在第 8 章中进行探讨与评价。

3.4　程　序　说　明

初步开发的数值流形方法的程序，包括前处理部分、计算部分和后处理部分。

前处理部分输入覆盖系统的几何信息，包括不连续面坐标、物理边界坐标、固定点坐标、荷载点坐标、测点位置坐标、孔洞点位置坐标等信息。计算部分根据前处理部分生成的文件和计算的控制参数，得出分析区域的变形、应力等信息，并传送文件给后处理部分显示。

以下举例说明输入数据文件的数据格式。

前处理部分输入文件 MC*.TXT 具体如下。

```
m9                      //number of nodes of input joints
b[i][1]  b[i][2]        //x  y coordinates of ordered joint nodes
b[i][0]                 //k=1 for first joint node, k=0 for other nodes
nf                      //the number of fixed points
nm                      //the number of measured points
nl                      //the number of loading points
no                      //the number of hole points
g[i][1], g[i][2]        //x y of fixed, measured, loading and hole points
k2                      //element layer number on half window height
```

前处理部分将根据输入的几何信息，通过有限覆盖技术，拓扑生成覆盖系统，并显示生成的几何图形信息和覆盖信息。

计算部分控制参数输入文件 MF*.TXT 具体如下。

```
b0                      //factor of SOR (1-2)
k9                      //0 or 1: 0 -- statics; 1 -- dynamics
n5                      //the number of the time steps
g0                      //the penalty of stiffness
g1                      //the time step
o3                      //the unit mass o3
g2                      //the ratio of maximum displacement: g2=0.001-0.010
t1                      //the friction angle (degree)
g[i][4],g[i][5]         //load x y of point
o1,o2                   //enter volume force x  y
i00                     //enter control code of e & u: 0--once; 1--each block
u0[1][0],u0[1][1]       //all block, enter e & u
i00                     //enter control code of c11 c22 c12 0-once 1-each block
r0[1][1],r0[1][2],r0[1][3]//for all block, enter initial stress σx,σy,τxy
```

计算部分由于采用多时间步循环迭代计算，能实时显示分析区域的动态变化过程，并最终形成数据文件，输出位移、应力等。

3.5 带锚固的数值流形方法

锚固支护是岩土工程中一种重要的支护方式，它是通过在岩体结构中施加锚杆以达到维护围岩、边坡等岩体结构稳定的一种加固方法。通常认为锚杆对岩体的加固作用有以下形式。

（1）悬吊作用。锚固支护是通过锚杆将软弱、松动、不稳定的岩土体悬吊在深层稳定的岩土体上，以防止其离层滑脱。这种作用在地下结构的锚固工程中体现较多。

（2）组合梁作用。锚固加强了各薄岩土层的整体性，相对于没有锚杆的情况，层间摩擦阻力增大，内应力和挠度大大减小，从而提高了地层的承载能力。

（3）挤压作用。光弹试验证实在弹性体上加预应力锚杆，便会形成以锚杆两头为顶点的锥形体压缩区，适当排列锚杆便会形成一定厚度的连续压缩带，从而使结构的承载力提高。

（4）销钉作用。锚杆在加固软弱结构面时，借助锚杆本身的抗剪强度与抗拉强度，阻止结构面的相对滑动，从而提高结构面的抗剪强度和黏结力。

目前，在有限元法、离散元法等数值分析方法中，锚固支护模拟已经相当普遍。利用数值流形方法在不均匀介质中进行锚固支护模拟并不多见，本节研究数值流形方法中的锚杆模拟问题，并通过算例加以验证。

工程上应用的锚杆种类很多，但根据锚固方式可分为两类：端部锚固锚杆和全长黏结式锚杆。本书研究端部锚固锚杆的模拟方法。对锚杆的数值模型适当简化：①锚杆主要承受轴向作用力。②假定锚杆为理想弹塑性体，当轴力 f 小于锚杆的抗拉强度时，锚杆处于弹性状态，轴力与伸长量保持线性关系；当轴力 f 大于等于其屈服强度 T_{yield} 时，锚杆进入塑性屈服状态，锚杆可无限伸长，此时轴力 $f = T_{yield}$。③锚杆为非压缩杆，当轴力 $f < 0$ 时，可以令 $f = 0$。

3.5.1　锚杆对系数矩阵的贡献

锚杆对岩体的加固作用主要是对系数矩阵的贡献。

如图 3.9 所示，设锚杆两端点分别连接流形单元 i 中的点 (x_1, y_1) 和流形单元 j 中的点 (x_2, y_2)，两个端点的位移分别为 (u_1, v_1) 和 (u_2, v_2)，则锚杆长度 l 为

$$l = \sqrt{(x_2 - x_1)^2 + (y_2 - y_1)^2} \tag{3.8}$$

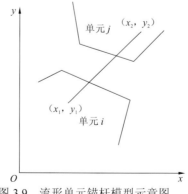

图 3.9　流形单元锚杆模型示意图

对式（3.8）进行微分，则变形后锚杆的伸长量为

$$dl = \frac{1}{l}[(x_2 - x_1)(u_2 - u_1) + (y_2 - y_1)(v_2 - v_1)]$$

$$= [u_2 \quad v_2]\begin{Bmatrix} l_x \\ l_y \end{Bmatrix} - [u_1 \quad v_1]\begin{Bmatrix} l_x \\ l_y \end{Bmatrix} = \boldsymbol{D}_j^{\mathrm{T}}\boldsymbol{T}_j^{\mathrm{T}}\begin{Bmatrix} l_x \\ l_y \end{Bmatrix} - \boldsymbol{D}_i^{\mathrm{T}}\boldsymbol{T}_i^{\mathrm{T}}\begin{Bmatrix} l_x \\ l_y \end{Bmatrix} \tag{3.9}$$

其中，$l_x = \frac{1}{l}(x_2 - x_1)$，$l_y = \frac{1}{l}(y_2 - y_1)$。

设锚杆的抗拉刚度为 S，当锚杆轴力 $f < T_{\text{yield}}$ 时，锚杆的轴力为

$$f = S\frac{dl}{l} \tag{3.10}$$

锚杆的变形内能为

$$\Pi_b = \frac{1}{2}fdl = \frac{1}{2l}S(dl)^2 \tag{3.11}$$

将式（3.9）代入式（3.11）得

$$\Pi_b = \frac{S}{2l}(\boldsymbol{D}_j^{\mathrm{T}}\boldsymbol{E}_j\boldsymbol{E}_j^{\mathrm{T}}\boldsymbol{D}_j - 2\boldsymbol{D}_j^{\mathrm{T}}\boldsymbol{E}_j\boldsymbol{G}_i^{\mathrm{T}}\boldsymbol{D}_i + \boldsymbol{D}_i^{\mathrm{T}}\boldsymbol{G}_i\boldsymbol{G}_i^{\mathrm{T}}\boldsymbol{D}_i) \tag{3.12}$$

其中，

$$\boldsymbol{E}_j = \boldsymbol{T}_j^{\mathrm{T}}\begin{Bmatrix} l_x \\ l_y \end{Bmatrix} = \begin{Bmatrix} e_1 \\ e_2 \\ e_3 \\ e_4 \\ e_5 \\ e_6 \end{Bmatrix}, \qquad \boldsymbol{G}_i = \boldsymbol{T}_i^{\mathrm{T}}\begin{Bmatrix} l_x \\ l_y \end{Bmatrix} = \begin{Bmatrix} g_1 \\ g_2 \\ g_3 \\ g_4 \\ g_5 \\ g_6 \end{Bmatrix}$$

对变形内能求导，可得 4 个 6×6 阶子矩阵，分别加到总体系数矩阵中去。

$$(k_{rs})_{ii} = \frac{\partial^2 \Pi_b}{\partial d_{ri}\partial d_{si}} = \frac{S}{2l}\frac{\partial^2}{\partial d_{ri}\partial d_{si}}(\boldsymbol{D}_i^{\mathrm{T}}\boldsymbol{G}_i\boldsymbol{G}_i^{\mathrm{T}}\boldsymbol{D}_i)$$

$$= \frac{S}{l}\boldsymbol{G}_i\boldsymbol{G}_i^{\mathrm{T}} \rightarrow \boldsymbol{K}_{ii}$$

$$(k_{rs})_{ij} = \frac{\partial^2 \Pi_b}{\partial d_{ri}\partial d_{sj}} = -\frac{S}{l}\frac{\partial^2}{\partial d_{ri}\partial d_{sj}}(\boldsymbol{D}_i^{\mathrm{T}}\boldsymbol{G}_i\boldsymbol{E}_j^{\mathrm{T}}\boldsymbol{D}_j)$$

$$= -\frac{S}{l}\boldsymbol{G}_i\boldsymbol{E}_j^{\mathrm{T}} \rightarrow \boldsymbol{K}_{ij}$$

$$(k_{rs})_{ji} = \frac{\partial^2 \Pi_b}{\partial d_{rj}\partial d_{si}} = -\frac{S}{l}\frac{\partial^2}{\partial d_{rj}\partial d_{si}}(\boldsymbol{D}_j^{\mathrm{T}}\boldsymbol{E}_j\boldsymbol{G}_i^{\mathrm{T}}\boldsymbol{D}_i)$$

$$= -\frac{S}{l}\boldsymbol{E}_j\boldsymbol{G}_i^{\mathrm{T}} \rightarrow \boldsymbol{K}_{ji}$$

$$(k_{rs})_{jj} = \frac{\partial^2 \Pi_b}{\partial d_{rj} \partial d_{sj}} = \frac{S}{2l} \frac{\partial^2}{\partial d_{rj} \partial d_{sj}} (\boldsymbol{D}_j^{\mathrm{T}} \boldsymbol{E}_j \boldsymbol{E}_j^{\mathrm{T}} \boldsymbol{D}_j)$$

$$= \frac{S}{l} \boldsymbol{E}_j \boldsymbol{E}_j^{\mathrm{T}} \rightarrow \boldsymbol{K}_{jj}$$

3.5.2 锚杆对荷载矩阵的贡献

数值流形方法的计算是随时间分步进行的，上一步终了时的计算应力作为初始应力传递到下一步，且工程上常常采用预应力锚杆来增强锚固效果。因此，计算时要考虑锚杆中的应力对总体平衡方程的贡献。

设锚杆中的初始应力（或预应力）为 F，则其相对应的势能为

$$\Pi_b^0 = F\mathrm{d}l = F\left(\boldsymbol{D}_j^{\mathrm{T}} \boldsymbol{T}_j^{\mathrm{T}} \begin{Bmatrix} l_x \\ l_y \end{Bmatrix} - \boldsymbol{D}_i^{\mathrm{T}} \boldsymbol{T}_i^{\mathrm{T}} \begin{Bmatrix} l_x \\ l_y \end{Bmatrix} \right) \tag{3.13}$$

对初始应力势能进行求导，得到锚杆轴力的荷载矩阵：

$$(f_r)_i = \frac{\partial \Pi_b^0}{\partial d_{ri}} = F \frac{\partial}{\partial d_{ri}} \left(\boldsymbol{D}_i^{\mathrm{T}} \boldsymbol{T}_i^{\mathrm{T}} \begin{Bmatrix} l_x \\ l_y \end{Bmatrix} \right)$$

$$= F\boldsymbol{T}_i^{\mathrm{T}} \begin{Bmatrix} l_x \\ l_y \end{Bmatrix} \rightarrow \boldsymbol{F}_i$$

$$(f_r)_j = -\frac{\partial \Pi_b^0}{\partial d_{rj}} = -F \frac{\partial}{\partial d_{rj}} \left(\boldsymbol{D}_j^{\mathrm{T}} \boldsymbol{T}_j^{\mathrm{T}} \begin{Bmatrix} l_x \\ l_y \end{Bmatrix} \right)$$

$$= -F\boldsymbol{T}_j^{\mathrm{T}} \begin{Bmatrix} l_x \\ l_y \end{Bmatrix} \rightarrow \boldsymbol{F}_j$$

式中：d_{rj} 为第 j 个单元的第 r 个未知量。

当锚杆轴力 $f \geq T_{\mathrm{yield}}$ 时，锚杆的轴力为 $f = T_{\mathrm{yield}}$，锚杆的变形内能为

$$\Pi_b = f\mathrm{d}l = T_{\mathrm{yield}}\mathrm{d}l \tag{3.14}$$

此时，锚杆屈服，可以无限变形，无法加强岩体的整体刚度，故锚杆只对荷载矩阵有贡献。此时，可类似按上述锚杆中的初始应力（或预应力）情况进行处理。

3.5.3 算例

1. 算例 1

如图 3.10 所示，有如下平面应力问题：一悬臂梁在一端固定，另一端受一集中力 P。在梁的上部靠中间部位有一条深裂缝，梁的长度为 8 m，截面高 1 m。梁的力学参数如下：弹性模量 $E = 3 \times 10^4$ MPa，泊松比 $\mu = 0.2$，集中力 $P = 0.2$ MN，体积力为 25 kN/m^3。锚杆的力学参数如下：弹性模量为 2×10^5 MPa，泊松比为 0.2，直径为 40 mm。

图 3.10　带裂缝的悬臂梁及锚杆示意图

在无锚杆的情况下，悬臂梁沿 y 向变形较大，端点挠度达 15.8 mm，且端部裂纹张开；加锚杆后，梁的变形明显减小，梁端挠度减小 46%，端部的裂纹基本闭合，见表 3.3、图 3.11 和图 3.12。可见，锚固支护对限制悬臂梁的裂缝开裂，发挥梁体的整体性刚度，减少变形效果明显。

表 3.3　锚固前后中性面上各点 y 向位移　　　　　　　　　　　　　（单位：cm）

有无锚杆	特征点 x 坐标				
	100	300	500	700	800
无锚杆	-0.05	-0.32	-0.74	-1.28	-1.58
有锚杆	-0.02	-0.15	-0.32	-0.64	-0.85

注：在有裂纹处，取裂纹下表面点的位移。

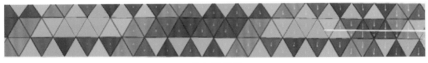

（a）无锚杆

（b）有锚杆

图 3.11　带裂缝的悬臂梁加锚杆前后的位移矢量图

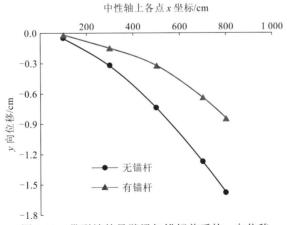

图 3.12　带裂缝的悬臂梁加锚杆前后的 y 向位移

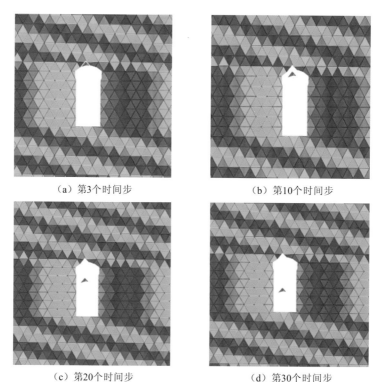

锚杆

裂隙形成的块体

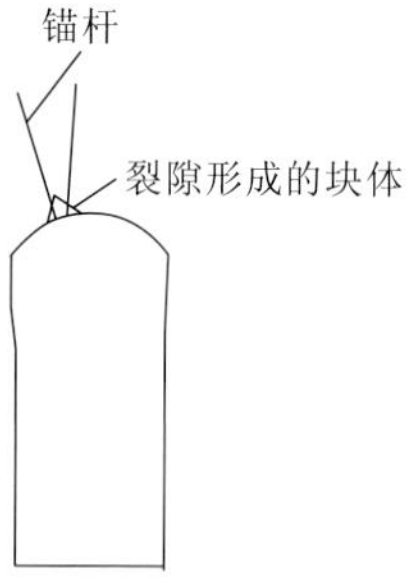

图 3.13　计算模型示意图

2. 算例 2

如图 3.13 所示，有如下平面应变问题：某一地下岩质隧洞，由节理裂隙面和开挖临空面形成了自由块体，开挖时在自重作用下从顶拱下落，形成冒顶。计算条件和计算参数如下：洞高 50 m，洞宽 20 m，计算区域沿洞高和洞宽方向分别为 150 m、120 m。隧洞埋深较浅，为简化计算，假设开挖瞬时完成。只考虑自重作用。

计算区域左、右和下部均采用单向铰支，地表自由。岩体的容重为 27 kN/m³，弹性模量为 10 GPa，泊松比为 0.25。不连续面的内摩擦角为 20°，黏聚力为 0.05 MPa。锚杆直径为 40 mm，弹性模量为 200 GPa。

在无锚固支护情况下，裂隙形成的块体在开挖后失去稳定，自由下落。图 3.14 模拟了块体从小变形到大变形，再到几何大位移的过程，显示了不同时间步时的下落形态。图 3.15 为第 30 个时间步时的主应力矢量图，从图中可见，在只考虑体积力的情况下，开挖后径向应力释放并减小，切向应力增加。

（a）第3个时间步　　　　　　　　　　　　（b）第10个时间步

（c）第20个时间步　　　　　　　　　　　　（d）第30个时间步

图 3.14　无锚杆时块体在自重作用下下落

图 3.15   在自重作用下第 30 个时间步时的主应力矢量图（无锚杆）

如图 3.16 所示，在施加锚固支护（即两根不同方向的锚杆）后，裂隙形成的块体基本稳定。可见，锚杆起到了局部悬吊支护的作用。

图 3.16   在自重作用下第 30 个时间步时的主应力矢量图（有锚杆）

3.6   数值流形方法应用中的若干改进

1. 对固定点矩阵的改进

原有数值流形方法的理论及程序中，对系数矩阵有贡献的固定点矩阵为单一的固定铰支约束，而在工程的数值分析中，常需要处理不同方向、形式的约束。因此，对固定点矩阵进行改进。

设在点 (x_0,y_0) 处具有双向弹簧刚度，沿 x 向、y 向分别为 p_x 和 p_y，则弹簧力为

$$\begin{Bmatrix} f_x \\ f_y \end{Bmatrix} = \begin{Bmatrix} -p_x u(x_0,y_0) \\ -p_y v(x_0,y_0) \end{Bmatrix} \tag{3.15}$$

于是，弹簧变形能为

$$\Pi_f = 1/2[p_x u(x_0,y_0)^2 + p_y v(x_0,y_0)^2]$$
$$= 1/2[p_x u(x_0,y_0) \quad p_y v(x_0,y_0)]\begin{Bmatrix} u(x_0,y_0) \\ v(x_0,y_0) \end{Bmatrix} \tag{3.16}$$

进而可得

$$\Pi_f = 1/2 \boldsymbol{D}_e^{\mathrm{T}} \boldsymbol{T}_e^p(x_0,y_0)^{\mathrm{T}} \boldsymbol{T}_e(x_0,y_0) \boldsymbol{D}_e \tag{3.17}$$

式中：$\boldsymbol{D}_e$ 为固定点所在流形单元 e 的位移函数；$\boldsymbol{T}_e$ 为固定点所在流形单元 e 的形函数。

由式（3.17）可得固定点矩阵

$$\boldsymbol{K}_{\text{固定点}e} = \boldsymbol{T}_e^p(x_0,y_0)^{\mathrm{T}} \boldsymbol{T}_e(x_0,y_0) \tag{3.18}$$

其中，

$$\boldsymbol{T}_e^p(x_0,y_0) = [\boldsymbol{T}_{e(1)}^p(x_0,y_0) \quad \boldsymbol{T}_{e(2)}^p(x_0,y_0) \quad \cdots \quad \boldsymbol{T}_{e(q)}^p(x_0,y_0)]$$

$$\boldsymbol{T}_{e(i)}^p(x_0,y_0) = \begin{bmatrix} p_x f_{i1} & 0 & p_x f_{i2} & 0 & \dots & p_x f_{im} & 0 \\ 0 & p_y f_{i1} & 0 & p_y f_{i2} & \dots & 0 & p_y f_{im} \end{bmatrix}$$

$$i = 1,2,\cdots,q$$

由式（3.16）可以处理如下三种约束：

当 p_x、p_y 的值都较大时，在点 (x_0,y_0) 处的位移为 $u(x_0,y_0)=0, v(x_0,y_0)=0$，即 (x_0,y_0) 受双向约束。

当 p_x 很大，$p_y=0$ 时，$u(x_0,y_0)=0$，v 为待求量，即在点 (x_0,y_0) 处 x 向约束，y 向自由。

当 $p_x=0$，p_y 很大时，$v(x_0,y_0)=0$，u 为待求量，即在点 (x_0,y_0) 处 y 向约束，x 向自由。

2. 对初始应力矩阵的改进

原有软件中的初始应力主要针对均匀应力场，在实际工程应用中多为考虑实测和回归分析的地应力场。因此，对初始应力矩阵进行了改进。

考虑如下三种情况：

（1）均匀应力场。所有流形单元的初始应力 $[\sigma_x \quad \sigma_y \quad \tau_{xy}]^{\mathrm{T}}$ 均为常量。

（2）按自重应力场考虑。铅直向按自重应力考虑，即 $\sigma_y = \gamma h$，γ 为容重，h 为相应点的深度。水平向按铅直向应力乘以侧向压力系数 $K_0 = \dfrac{\mu}{1-\mu}$ 考虑。

（3）按地应力和实测回归分析结果考虑。主应力 $\sigma_i = a + bh$，$i = 1, 2, 3$，a、b 为线性回归系数，h 为相应点的深度。

3. 对单元材料力学参数的改进

原有软件主要针对均质体，如弹性模量、泊松比和体积力（包括重力和惯性力）等参数均针对均质体。因此，针对实际分析的需要，分区域给材料力学参数赋值，这样可以方便地处理非均质情况。

首先，对于岩土工程问题，根据地质概化情况，为每个区域赋予相应的材料力学参数。然后，对每个单元进行判断，当单元包含于某一区域时，即被赋予相应的材料力学参数。

4. 对后处理的改进

原程序的后处理中，通过变形前后整体形态的比较来展示位移变化。针对实际工程分析的需要，本书采用位移矢量图形式显示计算结果。

第 4 章

规则矩形网络下的数值流形方法

4.1 引　　言

第 2 章中提到，数值流形方法中引入了数学覆盖，数学覆盖与求解域相对独立，只定义近似解的精度，它不需要完全符合求解区域的物理边界，只要求其完全覆盖求解域，对覆盖的形状和范围没有限制，这为更方便地处理复杂构型的求解域提供了途径。数学覆盖的网格可以根据工程区域的几何尺寸、要求解的精度和物理性质来选择，常规的网格和域，如规则的格子、有限元网格或级数的收敛域都可以作为数学覆盖。本章将规则的矩形网格作为数值流形方法中的覆盖系统，研究规则矩形网格下的二维数值流形方法。本章的主要内容包括：4.2 节将从覆盖系统、权函数方面介绍规则矩形网格下数值流形方法的处理方法；4.3 节介绍数值流形方法在处理强不连续问题和弱不连续问题时的策略；4.4 节详细介绍规则矩形网格覆盖系统的生成算法。

4.2　规则矩形网格的处理方法

4.2.1　覆盖系统

数值流形方法是基于三个基本概念建立起来的：数学覆盖、物理覆盖、流形单元。数学覆盖系统是许多可重叠小片的并集，覆盖整个问题区域。每一个小片称为一个数学覆盖，记为 $M_i(i=1,2,\cdots,n_M)$。物理覆盖系统由数学覆盖和物理网格组成，物理网格包括材料体的边界、裂缝、块体边界、不同材料区域的交界面。如果裂缝或者块体边界把一个数学覆盖 M_i 分成两个或更多完全不连续的区域，这些区域称为物理覆盖，记为 $U_i^j(j=1,2,\cdots,n_u^i)$。因此，物理覆盖是不连续裂缝对数学覆盖的再剖分。正是由于引入了数学覆盖和物理覆盖两套覆盖系统，数值流形方法可以统一地解决连续和非连续问题。流形单元 $E(U_a^b,U_c^d,U_e^f,\cdots)$ 定义为物理覆盖（$U_a^b,U_c^d,U_e^f,\cdots$）的公共部分。

在数值流形方法中，由于数学覆盖系统独立于所研究的物理域，数学覆盖可以自由选择，但必须满足如下条件：它们的并集足够大，以覆盖整个问题域。如图 4.1 所示，两个圆 M_1、M_2 和一个矩形 M_3 组成的覆盖系统，将内部发育有一组节理的多边形板覆盖住。然而，为了方便权函数的构造和比较容易地编程，一般将有限元网格或规则网格作为数值流形方法中的数学覆盖系统。

图 4.2（a）为 ABAQUS 生成的四边形有限元网格，将它作为数值流形方法中的数学覆盖系统对一边坡进行覆盖；图 4.2（b）为将规则矩形网格作为数值流形方法中的数学覆盖系统对同一边坡进行覆盖。可以看出，当将有限元网格作为数值流形方法中的数学覆盖系统时，网格必须与边坡所有的边界相适应；而当采用规则矩形网格时，网格不受坡面线的影响。

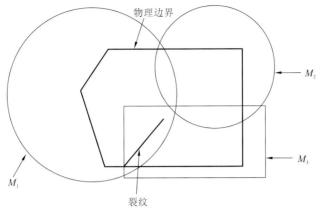

图 4.1 问题域和数学覆盖

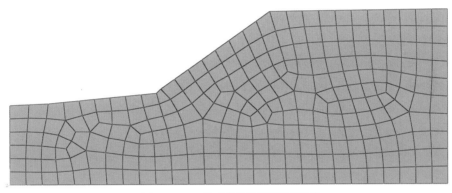

（a）ABAQUS生成的四边形有限元网格

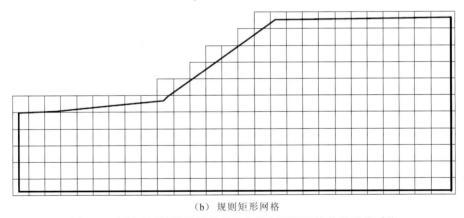

（b）规则矩形网格

图 4.2 有限元网格数学覆盖系统和规则矩形网格数学覆盖系统

　　为了更清楚地说明规则矩形网格下数值流形方法中的三个基本概念，给出如图 4.3 所示的一个例子。对于图中含一条裂纹的不规则多边形板，数学覆盖系统采用规则矩形网格，共享结点 i 的四个矩形组成一个数学覆盖，记为 M_i。数学覆盖 M_1 与裂纹相交形成两个物理覆盖 U_1^1 和 U_1^2。数学覆盖 M_2、M_3、M_4、M_5 与物理网格不相交，各自形成一个物理覆盖 U_2、U_3、U_4、U_5，物理覆盖与数学覆盖相同。如图 4.3 中阴影所示，流形单

元 $E(U_2, U_3, U_4, U_5)$ 为物理覆盖 U_2、U_3、U_4、U_5 的公共区域,而流形单元 $E(U_6, U_7, U_8, U_9)$ 为物理覆盖 U_6、U_7、U_8、U_9 的公共区域。流形单元的形状可以是任意的,但是其对应的物理覆盖是唯一的。

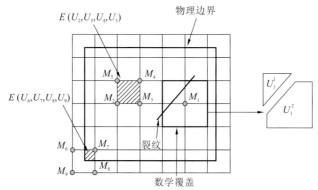

图 4.3　规则矩形网格下数值流形方法中的覆盖和流形单元

4.2.2　权函数

在每个数学覆盖 M_i 上定义一个权函数 $w_i(x, y)$,借此权函数在流形单元上进行插值形成单元的位移函数。权函数 $w_i(x, y)$ 需满足 $\sum_{i=1}^{n_M} w_i(x, y) = 1$。

数值流形方法中的权函数与有限元法中的插值形函数具有相同的意义,其定义的原则也是一致的。在图 4.3 中,数学覆盖系统采用规则矩形网格,共享结点 i 的四个矩形组成一个数学覆盖 M_i,数学覆盖上权函数的定义可参考有限元法中四结点单元的插值形函数。从图 4.3 中摘出一个流形单元,流形单元的四个顶点分别代表四个不同的数学覆盖,如图 4.4 所示。由于采用的是规则的矩形网格且网格线平行于总体坐标系的坐标轴,权函数可定义为[108]

$$
\begin{cases}
w_1(x, y) = \dfrac{1}{4}\left(1 + \dfrac{2x'}{a}\right)\left(1 + \dfrac{2y'}{b}\right) \\[2mm]
w_2(x, y) = \dfrac{1}{4}\left(1 - \dfrac{2x'}{a}\right)\left(1 + \dfrac{2y'}{b}\right) \\[2mm]
w_3(x, y) = \dfrac{1}{4}\left(1 - \dfrac{2x'}{a}\right)\left(1 - \dfrac{2y'}{b}\right) \\[2mm]
w_4(x, y) = \dfrac{1}{4}\left(1 + \dfrac{2x'}{a}\right)\left(1 - \dfrac{2y'}{b}\right)
\end{cases}
\tag{4.1}
$$

式中:(x', y') 为 (x, y) 相对于矩形单元中心的坐标,即

$$
\begin{cases}
x' = x - \dfrac{x_1 + x_2}{2} \\[2mm]
y' = y - \dfrac{y_1 + y_2}{2}
\end{cases}
\tag{4.2}
$$

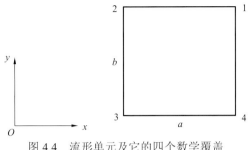

图 4.4 流形单元及它的四个数学覆盖

权函数 $w_i(x, y)$在数学覆盖 M_i 中的形态如图 4.5 所示，可以看出，权函数在结点 i 处最大，而在远离结点处其值逐渐减小，到边缘处权函数降为零，具有紧支性。

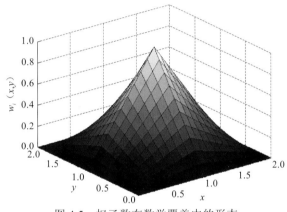

图 4.5 权函数在数学覆盖中的形态

4.3 数值流形方法模拟不连续问题

不连续问题分为强不连续问题和弱不连续问题。例如，裂纹问题表现为位移不连续，称为强不连续问题；而弱不连续问题通常表现为应变不连续，如不同材料的交界面、夹杂等问题。由于这两种问题的性质存在差异，需要采用不同的方法对待它们。

4.3.1 强不连续问题

数值流形方法模拟强不连续问题时裂纹尖端存在奇异性，由于多项式不能准确地描述裂纹尖端的应力场，往往会出现求解精度差的问题。这一问题可以通过将附加函数加入覆盖函数中来解决。如图 4.6 所示，含有裂纹尖端的数学覆盖 M_1、M_2、M_3 和 M_4 各自形成一个物理覆盖，这些物理覆盖称为奇异物理覆盖。

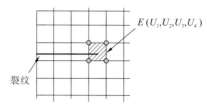

图 4.6 裂纹尖端处的奇异物理覆盖

这些物理覆盖的覆盖函数通过加入附加函数来考虑不连续裂纹尖端的影响：

$$\begin{cases} u(x,y) \\ v(x,y) \end{cases} = \sum_{i=1}^{n_M} w_i(x,y) \begin{cases} u_i^j(x,y) \\ v_i^j(x,y) \end{cases} + \sum_{j=1}^{n_s} w_j(x,y) V_j \qquad (4.3)$$

式中：n_s 为裂纹尖端所在单元的奇异物理覆盖的数量；V_j 为奇异物理覆盖的附加函数，

$$V_j = \boldsymbol{\Phi} \boldsymbol{c}_j \qquad (4.4)$$

其中：$\boldsymbol{c}_j$ 为附加函数的未知量矩阵；$\boldsymbol{\Phi}$ 为附加函数的基函数矩阵，可以表示为

$$\boldsymbol{\Phi} = \begin{bmatrix} \Phi_1 & 0 & \Phi_2 & 0 & \Phi_3 & 0 & \Phi_4 & 0 \\ 0 & \Phi_1 & 0 & \Phi_2 & 0 & \Phi_3 & 0 & \Phi_4 \end{bmatrix} \qquad (4.5)$$

$$[\Phi_1 \quad \Phi_2 \quad \Phi_3 \quad \Phi_4] = \left[\sqrt{r}\sin\frac{\theta}{2} \quad \sqrt{r}\cos\frac{\theta}{2} \quad \sqrt{r}\sin\theta\sin\frac{\theta}{2} \quad \sqrt{r}\sin\theta\cos\frac{\theta}{2} \right] \qquad (4.6)$$

(r, θ) 为裂纹尖端局部极坐标系（图 4.7）中的坐标，r 是任意一点到裂纹尖端的距离，θ 是裂纹扩展角。可以看出，Φ_1 沿着裂纹面（$\theta=-\pi$，π）是非连续的。局部极坐标可以通过式（4.7）计算求得。

$$\begin{cases} r = \sqrt{x''^2 + y''^2} \\ \theta = \arctan\left(\dfrac{y''}{x''}\right) \end{cases} \qquad (4.7)$$

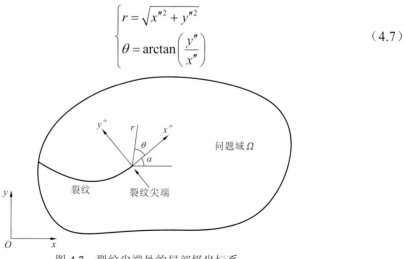

图 4.7 裂纹尖端处的局部极坐标系

(x'', y'') 为裂纹尖端 $(x_{\text{tip}}, y_{\text{tip}})$ 处局部极坐标系中的坐标：

$$\begin{cases} x'' \\ y'' \end{cases} = \begin{bmatrix} \cos\alpha & \sin\alpha \\ -\sin\alpha & \cos\alpha \end{bmatrix} \begin{cases} x - x_{\text{tip}} \\ y - y_{\text{tip}} \end{cases} \qquad (4.8)$$

式中：α 为裂纹面与水平线的夹角。

基于这种强化方法，裂纹尖端可落在流形单元的任意位置。即使在相对粗糙的数学网格中，也可以精确地得到应力强度因子。

4.3.2 弱不连续问题

如图 4.8（a）所示，问题域包含两种材料，根据材料属性将该区域分为两个子区域 Ω^1 和 Ω^2，两个子区域之间的材料交界面为 $\Gamma^{1\text{-}2}$。可以认为该材料交界面由两个重合的面组成，即 Γ^1 和 Γ^2，它们分别属于子区域 Ω^1 和 Ω^2。两个面的法向量分别为 $\boldsymbol{n}^1$ 和 $\boldsymbol{n}^2$，应力向量分别为 $\boldsymbol{t}^1$ 和 $\boldsymbol{t}^2$，位移向量分别为 $\boldsymbol{u}^1$ 和 $\boldsymbol{u}^2$。交界面上需满足位移协调方程：

$$\boldsymbol{u}^1 = \boldsymbol{u}^2 \tag{4.9}$$

图 4.8（b）为 Terada 等[109]、Terada 和 Kurumatani[110]提出的处理弱不连续问题的方式。被材料交界面 $\Gamma^{1\text{-}2}$ 贯穿的数学覆盖 M_I 形成两个物理覆盖 P_I^1 和 P_I^2，从式（2.5）可知此时材料交界面 $\Gamma^{1\text{-}2}$ 上位移不连续。因此，需要采用拉格朗日乘子法或罚函数法在交界面 $\Gamma^{1\text{-}2}$ 上施加位移协调方程，实现交界面 $\Gamma^{1\text{-}2}$ 上位移的连续。

An 等[111]提出了一种更为自然的方式来处理弱不连续问题。如图 4.8（c）所示，被材料交界面 $\Gamma^{1\text{-}2}$ 贯穿的数学覆盖 M_I 仅生成一个物理覆盖 P_I^1，称为弱不连续物理覆盖。此后，他们引入水平集函数来表示这类物理覆盖中的材料交界面，实现了对弱不连续问题的准确模拟。

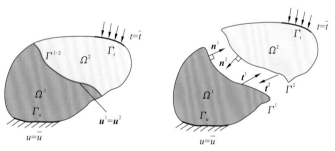

（a）含两种材料的问题域

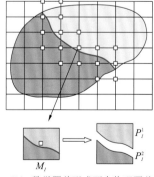

（b）数学覆盖形成两个物理覆盖

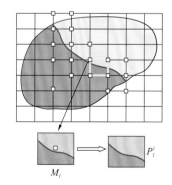

（c）数学覆盖形成一个弱不连续物理覆盖

图 4.8　数值流形方法中弱不连续问题的处理方式

Γ_t 为应力边界；t 为应力的边界值；$\bar{t}$ 为边界上已知的应力分量；
Γ_u 为位移边界；u 为位移的边界值；$\bar{u}$ 为边界上已知的位移分量

4.4　规则矩形网格覆盖系统的自动生成

数值流形方法中引入了两套覆盖系统，即数学覆盖和物理覆盖。数学覆盖由占整个物理区域的许多有限重叠覆盖组成，仅用来定义近似解的精度，可自由选择。物理覆盖是通过物理区域对数学覆盖的再切割生成的。物理覆盖之间相互重叠，其重叠的公共部分形成流形单元。数值流形方法实现了对连续、非连续问题的统一求解，但需要建立在能够正确地生成物理覆盖、流形单元和接触块体的基础之上。

本节通过面向对象的程序设计方法，建立了数值流形方法中规则矩形网格覆盖系统的自动生成算法。

4.4.1　数值流形方法中的数据类

为了描述覆盖系统的几何特性，首先定义了基本数据类，包括：点（Vertex）、边（Line）、面（Loop）。在此基础上，增加了描述覆盖系统中基本概念的数据类：数学覆盖类（MathCover）、物理覆盖类（PhysicalCover）、流形单元类（ManifoldElement）、裂纹尖端类（CrackTip）、接触块体类（ContactBlock）。

1. 数学覆盖类

数学覆盖类用于记录数学覆盖的相关信息（图 4.9），主要包括：自身的编号、坐标、支撑域、自身产生的相关物理覆盖，以及用于存取本类中数据成员的成员函数。

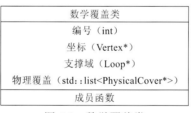

图 4.9　数学覆盖类

2. 物理覆盖类

物理覆盖类用于记录物理覆盖的相关信息（图 4.10），主要包括：自身的编号、坐标、用于判别是否为奇异物理覆盖的标志、支撑域、产生该物理覆盖的数学覆盖，以及用于存储本类中数据成员的成员函数。

3. 流形单元类

流形单元类为物理覆盖重叠的公共部分（图 4.11），主要信息包括：自身的编号、材料号、边界范围、与自身相关的物理覆盖和数学覆盖，以及用于存取本类中数据成员的成员函数。

图 4.10　物理覆盖类

图 4.11　流形单元类

4. 裂纹尖端类

裂纹尖端类主要包括：自身的编号、所在裂纹的节理材料号、裂纹尖端点坐标、裂纹所在的流形单元、裂纹与所在流形单元边界的交点，以及用于存取本类中数据成员的成员函数，见图 4.12。

图 4.12　裂纹尖端类

5. 接触块体类

数值流形方法在处理不连续问题时，需要处理不连续面间的相互作用，因此在数值流形方法前处理中还需要生成接触块体。接触块体类主要包括：自身的编号、接触块体边界、接触块体各点所在的流形单元、接触块体各边所在的流形单元，以及用于存取本类中数据成员的成员函数，见图 4.13。

接触块体类
编号（int）
接触块体边界（Loop*）
接触块体各点所在的流形单元（std∷list<ManifoldElement*>）
接触块体各边所在的流形单元（std∷list<ManifoldElement*>）
成员函数

图 4.13　接触块体类

6. 数据类管理

本节定义了管理数据的类（GeometryManager），对以上类的操作均在该类中完成。GeometryManager 中采用 C++ 容器中的 list 对以上数据类进行存储，list 是一个线性双向链表结构，将元素按顺序储存在链表中，与向量相比，它允许快速插入和删除。

4.4.2　规则矩形网格覆盖系统的自动生成过程

规则矩形网格覆盖系统按以下过程自动生成。

（1）输入问题域的物理边界、内部裂纹和不同材料分界面，确定问题域的范围。

（2）确定纵横数学网格线的间距，根据问题域的范围，设定一个能完全覆盖问题域的数学覆盖区域。

（3）根据共享结点的四个矩形网格为一个数学覆盖的原则，找出数学覆盖并存储。

（4）找出有效流形单元。这部分主要包括：迹线求交（迹线包括物理边界、材料分界线、内部裂纹、数学网格线）、边的正则化（也称"树枝删除"）、利用最大右转角准则环路搜索、环路隶属关系的判断、块体形成。找出位于问题域内部的块体，即流形单元。

（5）根据环路隶属关系，找出各流形单元的数学覆盖，并删除多余的数学覆盖。

（6）找出位于数学覆盖内部的边界线、裂纹线、材料分界线，按照步骤（4）进行环路搜索，找出相应的物理覆盖。

（7）找出裂纹尖端所在的流形单元，并确定相应的奇异物理覆盖。

（8）对于仅有一个节理环路的问题，数值流形方法求解时无须找出接触块体，但是对于有很多节理环路的情况，必须确定所有接触块体，以便模拟块体间的相互作用，按照与步骤（4）相似的过程搜索出接触块体，并确定接触块体各点与各边所在的流形单元。

算法流程图如图 4.14 所示。

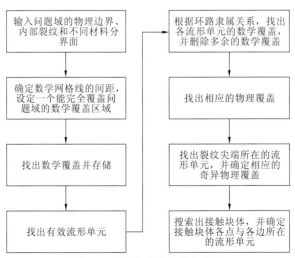

图 4.14　覆盖系统生成流程图

如图 4.15 所示，某一排土场边坡含有多种材料体。对其按照以上步骤生成的覆盖系统如图 4.16 所示。

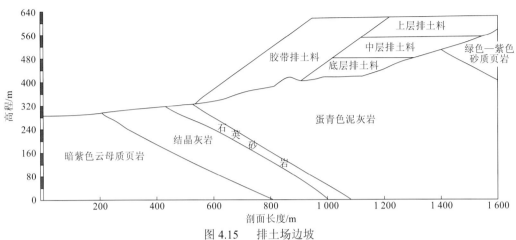

图 4.15 排土场边坡

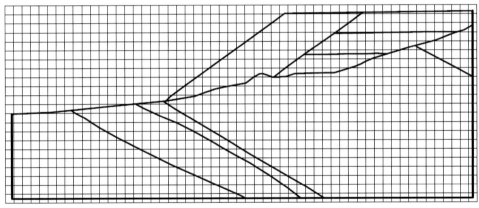

（a）初次产生的数学覆盖

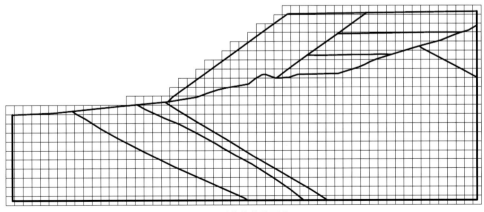

（b）最终的数学覆盖

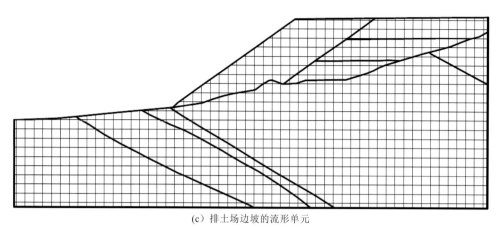

(c）排土场边坡的流形单元

图 4.16　排土场边坡覆盖系统生成过程

第 5 章

基于 B 样条的高阶数值流形方法

5.1　引　　言

如果数值流形方法中物理覆盖上的覆盖位移函数采用常量多项式，且数学网格适应求解域中各种界面和边界，那么数值流形方法就退化为常规的有限元法。但不同于有限元法的是，数值流形方法可以在网格不变的情况下，通过在物理覆盖上引入高阶多项式或特殊函数来提高其求解精度。然而，采用该方式建立的高阶数值流形方法会引起总体刚度矩阵奇异，即总体刚度矩阵线性相关。此外，还可以通过提高数值流形方法中数学覆盖上权函数的阶次来建立高阶位移函数。在提高权函数阶次方面，通常通过沿单元边界配置适当的内结点来实现，这些结点的出现增加了前处理的复杂性，特别是对于大型、复杂的空间问题。

B 样条具有单位分解、线性无关、紧支性等特点，鉴于 B 样条具有以上数学特性，本章将三种阶次的 B 样条引入数值流形方法，建立基于 B 样条的高阶数值流形方法的分析格式。5.2 节将从数学覆盖系统、权函数和覆盖位移函数三个方面阐述该方法的基本理论。5.3 节介绍数学覆盖参数空间与物理空间相互映射的原理。5.4 节给出数值算例，验证该方法的有效性、精度和收敛性。

5.2　基于 B 样条的高阶数值流形方法基本理论

5.2.1　数学覆盖系统

本章将 B 样条基函数作为权函数引入数值流形方法，数学覆盖系统采用规则的矩形网格，数学覆盖系统的生成算法可参考 4.4 节内容。高阶位移函数的构造通过提高 B 样条基函数的阶次来实现，由于权函数是定义在数学覆盖上的，改变权函数相应地也要改变数学覆盖的构造方式。如图 5.1 所示，当 B 样条基函数的阶次 $p=1$ 时，紧邻的 4 个矩形网格形成一个数学覆盖，如图 5.1 中的数学覆盖 M_1；当 $p=2$ 时，紧邻的 9 个矩形网格形成一个数学覆盖，如图 5.1 中的 M_2；当 $p=3$ 时，紧邻的 16 个矩形网格形成一个数学覆盖，如图 5.1 中的 M_3。为了方便，用数学覆盖中心点表示该数学覆盖。很显然，当 $p=1,2,3$ 时，图 5.1 中的流形单元分别为相应的 4、9、16 个数学覆盖形成的物理覆盖的公共部分。

5.2.2　权函数

数值流形方法中，数学覆盖理论上可以由一系列任意形状的单连通域组成，但目前大多是借助有限元网格来形成的，定义在数学覆盖上的权函数也由单元结点上的形函数

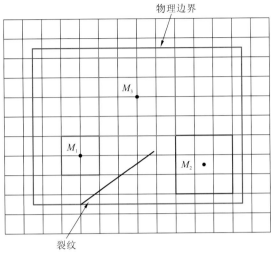

图 5.1　数学覆盖系统

拼接而成。而本书在引入 B 样条后，权函数在数学覆盖的 ξ-η 空间中定义，其函数形式为

$$N_{i,0}(\xi)=\begin{cases}1, & \xi_i\leqslant\xi<\xi_{i+1}\\0, & \text{其他}\end{cases}\tag{5.1}$$

$$N_{i,p}(\xi)=\frac{\xi-\xi_i}{\xi_{i+p}-\xi_i}N_{i,p-1}(\xi)+\frac{\xi_{i+p+1}-\xi}{\xi_{i+p+1}-\xi_{i+1}}N_{i+1,p-1}(\xi),\quad p\geqslant1\tag{5.2}$$

$p=1$ 时，数学覆盖在 ξ-η 空间的形式如图 5.2（a）所示，$\{0,1,2\}$ 为 ξ 方向的单调不减的实数序列，$N(\xi)$ 可以表示为

$$N(\xi)=\begin{cases}\xi, & 0\leqslant\xi<1\\1-\xi, & 1\leqslant\xi\leqslant2\end{cases}\tag{5.3}$$

$p=2$ 时，数学覆盖在 ξ-η 空间的形式如图 5.2（b）所示，$\{0,1,2,3\}$ 为 ξ 方向的单调不减的实数序列，$N(\xi)$ 可以表示为

$$N(\xi)=\begin{cases}\dfrac{\xi^2}{2}, & 0\leqslant\xi<1\\[2mm]-\xi^2+3\xi-\dfrac{3}{2}, & 1\leqslant\xi<2\\[2mm]\dfrac{(3-\xi)^2}{2}, & 2\leqslant\xi\leqslant3\end{cases}\tag{5.4}$$

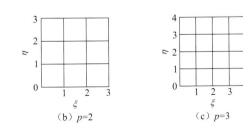

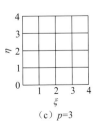

（a）$p=1$　　　　　　（b）$p=2$　　　　　　（c）$p=3$

图 5.2　在 ξ-η 空间中不同阶次的数学覆盖

$p=3$ 时，数学覆盖在 ξ-η 空间的形式如图 5.2（c）所示，$\{0, 1, 2, 3, 4\}$ 为 ξ 方向的单调不减的实数序列，$N(\xi)$ 可以表示为

$$N(\xi) = \begin{cases} \dfrac{\xi^2}{6}, & 0 \leqslant \xi < 1 \\[2mm] -\dfrac{\xi^3}{2} + 2\xi^2 - 2\xi - \dfrac{2}{3}, & 1 \leqslant \xi < 2 \\[2mm] \dfrac{\xi^3}{2} - 4\xi^2 + 10\xi - \dfrac{22}{3}, & 2 \leqslant \xi < 3 \\[2mm] \dfrac{(4-\xi)^3}{6}, & 3 \leqslant \xi \leqslant 4 \end{cases} \tag{5.5}$$

类似地，可以定义不同阶次（$p=1, 2, 3$）下 η 方向的函数 $M(\eta)$。

数学覆盖 M_i 上的权函数可以表示为

$$w(\xi, \eta) = N(\xi)M(\eta), \quad (\xi, \eta) \in M_i \tag{5.6}$$

基于 B 样条建立的数值流形方法，权函数具有 B 样条基函数的重要性质，满足数值流形方法中对权函数的要求。此外，权函数的 $p-1$ 阶导数具有连续性，权值在三种阶次数学覆盖区域中的分布见图 5.3~图 5.5。需要指出的是，当 B 样条阶次为 1 时，其基函数等价于有限元法中的一阶拉格朗日插值函数。

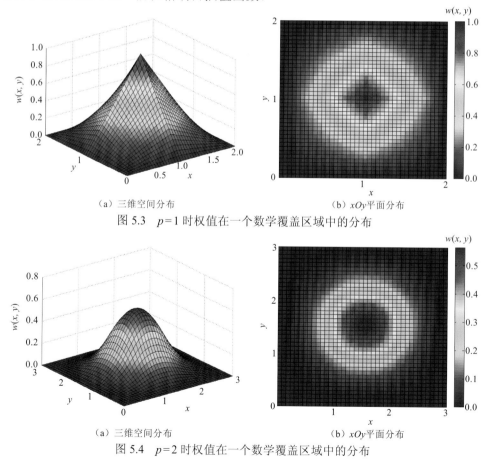

（a）三维空间分布　　　　（b）xOy 平面分布

图 5.3　$p=1$ 时权值在一个数学覆盖区域中的分布

（a）三维空间分布　　　　（b）xOy 平面分布

图 5.4　$p=2$ 时权值在一个数学覆盖区域中的分布

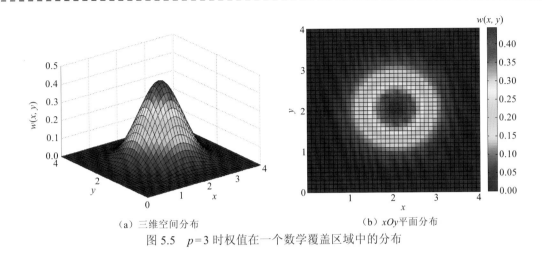

（a）三维空间分布 　　　　　　　（b）xOy 平面分布

图 5.5 　$p=3$ 时权值在一个数学覆盖区域中的分布

5.2.3　覆盖位移函数

在数值流形方法中，物理覆盖分为常规物理覆盖和奇异物理覆盖，大多数物理覆盖不包含裂纹尖端，称为常规物理覆盖，而包含裂纹尖端的物理覆盖称为奇异物理覆盖。覆盖位移函数定义在各自的物理覆盖上，正如 2.2 节所讲，在常规物理覆盖上的覆盖位移函数可以是常量、线性或高阶多项式或者局部级数，如式（2.1）～式（2.3）；而奇异物理覆盖通过加入附加函数来考虑不连续尖端场的影响。最终，覆盖位移函数通过 5.2.2 小节定义的权函数黏结到一起，形成总体位移函数：

$$\boldsymbol{u} = \sum_{i=1}^{n} w_i(\xi, \eta) \boldsymbol{d}_i \tag{5.7}$$

式中：n 为物理覆盖的个数；$\boldsymbol{d}_i$ 为物理覆盖上的自由度向量，由于 B 样条基函数不满足 Kronecker delta 特性，$\boldsymbol{d}_i$ 不一定是物理覆盖的真实位移值。

如图 5.6 所示，当 B 样条基函数的阶次 $p=1$ 时，裂纹尖端所在的流形单元为 4 个奇异物理覆盖的重叠区域；当 B 样条基函数的阶次 $p=2,3$ 时，裂纹尖端所在的流形单元分别为 9 个和 16 个奇异物理覆盖的重叠区域，如图 5.7 和图 5.8 所示。奇异物理覆盖上的覆盖位移函数按照 4.3 节中的方式进行增强。

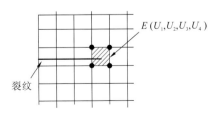

图 5.6 　$p=1$ 时裂纹尖端处的奇异物理覆盖

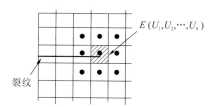

图 5.7 $p=2$ 时裂纹尖端处的奇异物理覆盖

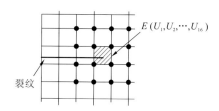

图 5.8 $p=3$ 时裂纹尖端处的奇异物理覆盖

5.3 参数空间与物理空间之间的映射

5.2 节中讲到，权函数定义在参数空间 ξ-η 中，数学覆盖参数空间与物理空间的映射可以表示为

$$\begin{Bmatrix} x \\ y \end{Bmatrix} = \sum_{i=1}^{n} \phi_i(\xi,\eta) B_i = \sum_{i=1}^{n} \phi_i(\xi,\eta) \begin{Bmatrix} x_i \\ y_i \end{Bmatrix} \tag{5.8}$$

式中：$\phi_i(\xi,\eta)$ 为双变量的 B 样条基函数；B_i 为控制点，具体指的是一个数学覆盖中所有数学网格线的交点。

图 5.9 为 B 样条基函数的阶次 $p=2$ 时数学覆盖参数空间与物理空间之间的映射，此时控制点为数学覆盖在物理空间中数学网格线的交点。

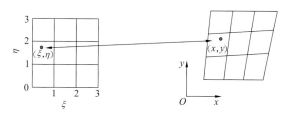

图 5.9 数学覆盖参数空间与物理空间之间的映射

从式（5.8）可知，已知参数空间中一点 (ξ,η)，很容易求得该点在物理空间内的坐标 (x,y)。相反地，已知该点在物理空间中的坐标 (x,y)，很难直接求得该点在参数空间中的坐标 (ξ,η)。为此需要设计一种迭代算法[112]实现该过程，转换的 Jacobian 矩阵 **J** 可表示为

$$J = \begin{bmatrix} \dfrac{\partial x}{\partial \xi} & \dfrac{\partial y}{\partial \xi} \\[2mm] \dfrac{\partial x}{\partial \eta} & \dfrac{\partial y}{\partial \eta} \end{bmatrix} \tag{5.9}$$

由此可得

$$\begin{Bmatrix} \mathrm{d}x \\ \mathrm{d}y \end{Bmatrix} = J \begin{Bmatrix} \mathrm{d}\xi \\ \mathrm{d}\eta \end{Bmatrix} \tag{5.10}$$

式（5.10）可写成向量表达式：

$$\mathrm{d}\boldsymbol{x} = \boldsymbol{J}\mathrm{d}\boldsymbol{\xi} \tag{5.11}$$

令 $\boldsymbol{\xi}_0 = [\xi_0 \ \ \eta_0] = \boldsymbol{0}$，$\boldsymbol{\xi} = [\xi \ \ \eta]$，$\boldsymbol{x}_0 = [x_0 \ \ y_0]$，$\boldsymbol{x} = [x \ \ y]$，$\mathrm{d}\boldsymbol{\xi} = (\mathrm{d}\xi \ \ \mathrm{d}\eta)$，$\mathrm{d}\boldsymbol{x} = (\mathrm{d}x \ \ \mathrm{d}y)$。

第一步：将 $\boldsymbol{\xi}_0$ 代入式（5.12），并依次计算式（5.13）～式（5.15），可以得到一个新的 $\boldsymbol{\xi}$。

$$\boldsymbol{x}_0 = \sum_{i=1}^{n} \phi_i(\boldsymbol{\xi}_0)\boldsymbol{x}_i \tag{5.12}$$

$$\mathrm{d}\boldsymbol{x} = \boldsymbol{x} - \boldsymbol{x}_0 \tag{5.13}$$

$$\mathrm{d}\boldsymbol{\xi} = \boldsymbol{J}^{-1}\mathrm{d}\boldsymbol{x} \tag{5.14}$$

$$\boldsymbol{\xi} = \boldsymbol{\xi}_0 + \mathrm{d}\boldsymbol{\xi} \tag{5.15}$$

第二步：如果 $|\boldsymbol{\xi} - \boldsymbol{\xi}_0|$ 的值大于一个很小的正实数（如 0.000 1），令 $\boldsymbol{\xi}_0 = \boldsymbol{\xi}$，继续执行第一步；如果 $|\boldsymbol{\xi} - \boldsymbol{\xi}_0|$ 的值小于这个预先设定的正实数，迭代过程停止，此时的 $\boldsymbol{\xi}$ 即所求的参数坐标。

5.4　数　值　算　例

为了考察基于 B 样条基函数的数值流形方法的有效性、精度和收敛性，本节通过三个算例进行验证。第一个是非连续分片试验，第二个是 Timoshenko 悬臂梁，最后一个是含中心水平裂纹的矩形板。

5.4.1　非连续分片试验

分片试验提供了一种有效的方式来验证新方法是否实施正确。本节采用 Dolbow 和 Devan[113]提出的非连续分片试验来验证基于 B 样条基函数的数值流形方法的有效性。如图 5.10 所示，分析域 Ω 为 3 m×3 m 的正方形区域，裂纹 S 将分析域分割成两个部分 Ω^+ 和 Ω^-，裂纹 S 的界面无作用力，两侧分别作用着大小为 $2t$ 和 t 的均布水平牵引力。取材料的弹性模量 $E = 100$ MPa，泊松比 $\mu = 0.25$，可以得到该简单应力状态问题的解析解，为

$$\sigma_x = \begin{cases} t, & 在\Omega^+内 \\ 2t, & 在\Omega^-内 \end{cases}, \qquad \sigma_y = \tau_{xy} = 0 \tag{5.16}$$

其中，t 为常规变量，可以为任意值，现取为 10 MPa。

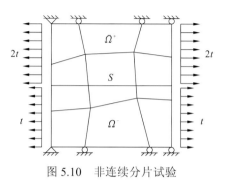

图 5.10　非连续分片试验

$p=1$、$p=2$ 和 $p=3$ 时，σ_x 的分布如图 5.11～图 5.13 所示。结果显示，基于 B 样条基函数的数值流形方法能够精确地通过非连续分片试验的检验。

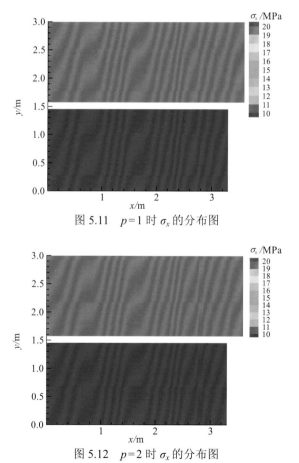

图 5.11　$p=1$ 时 σ_x 的分布图

图 5.12　$p=2$ 时 σ_x 的分布图

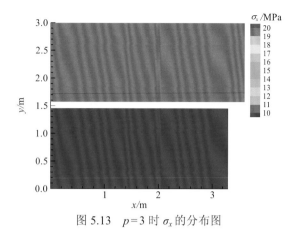

图 5.13　$p=3$ 时 σ_x 的分布图

5.4.2　Timoshenko 悬臂梁

Timoshenko 悬臂梁模型如图 5.14 所示，左侧为固定端，右侧施加剪切分布力 $P=$ 1 N/m。模型参数如下：$D=1$ m，$L=5$ m，弹性模量 $E=1\,000$ kPa，泊松比 $\mu=0$。该问题的解析解为

$$u_x = -\frac{P}{6EI}\left(y-\frac{D}{2}\right)[(6L-3x)x+(2+\mu)(y^2-Dy)] \tag{5.17}$$

$$u_y = \frac{P}{6EI}\left[3\mu\left(y-\frac{D}{2}\right)^2(L-x)+\frac{1}{4}(4+5\mu)D^2x+(3L-x)x^2\right] \tag{5.18}$$

$$\sigma_x = -\frac{P}{I}(L-x)\left(y-\frac{D}{2}\right) \tag{5.19}$$

$$\sigma_y = 0 \tag{5.20}$$

$$\tau_{xy} = -\frac{Py}{2I}(y-D) \tag{5.21}$$

式中：u_x、u_y 为位移分量；I 为截面惯性矩。

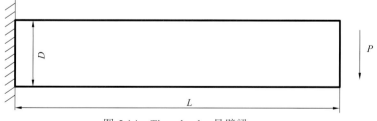

图 5.14　Timoshenko 悬臂梁

如图 5.15 所示，将相对稀疏的规则矩形网格作为数值流形方法中的数学覆盖系统。分别采用不同阶次（$p=1, 2, 3$）的 B 样条基函数构造数值流形方法中数学覆盖的权函数。将数值流形方法的计算结果与有限元法结果进行对比，对数值流形方法的计算精度进行

分析和评估。有限元法采用的网格如图 5.16 所示。

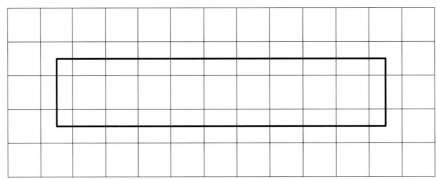

图 5.15　数学覆盖系统网格图

图 5.16　ABAQUS 中的有限元网格

　　不同阶次下基于 B 样条的数值流形方法所得到的 Timoshenko 悬臂梁 x 方向的位移，以及 Timoshenko 悬臂梁底边（$y=0$）x 方向位移随位置的变化见图 5.17 和图 5.18。图 5.19 和图 5.20 分别给出了 Timoshenko 悬臂梁 x 方向的应力，以及 Timoshenko 悬臂梁底边（$y=0$）x 方向应力随位置的变化。从图中可以看出：随着 B 样条基函数阶次的提高，Timoshenko 悬臂梁中的应力分布更加平滑；当采用一阶 B 样条基函数时，基于一阶 B 样条的数值流形方法（NMM_B1）的计算结果与有限元法的计算结果基本一致，但是与解析解存在一定的误差，这是由于数值流形方法中的权函数和有限元法中的形函数均是线性的；而采用高阶次（$p=2,3$）的 B 样条基函数后，相应的基于二阶或三阶 B 样条的数值流形方法（NMM_B2 和 NMM_B3）与解析解吻合得很好。

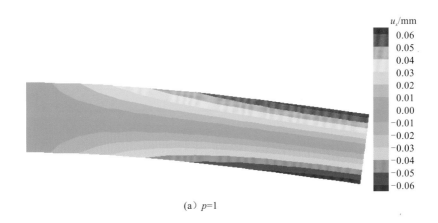

（a）$p=1$

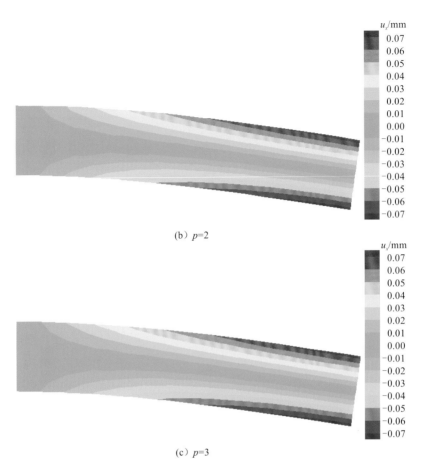

（b）$p=2$

（c）$p=3$

图 5.17 x 方向位移云图

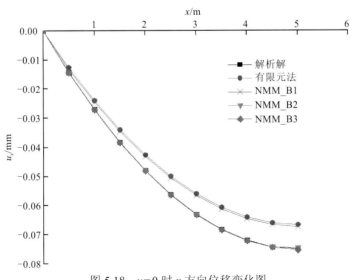

图 5.18 $y=0$ 时 x 方向位移变化图

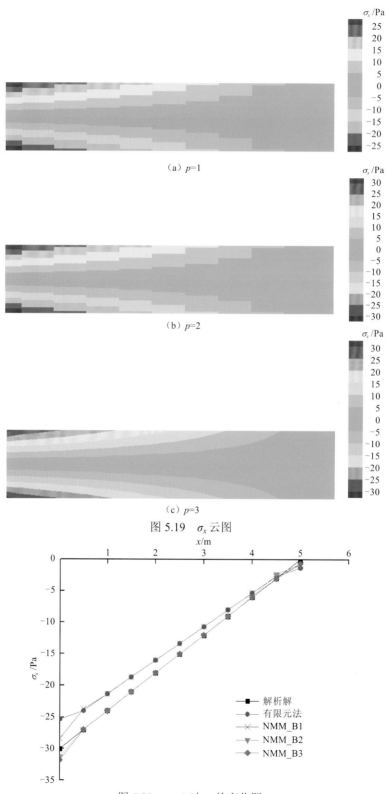

（a）p=1

（b）p=2

（c）p=3

图 5.19 σ_x 云图

图 5.20 y=0 时 σ_x 的变化图

5.4.3　含中心水平裂纹的矩形板

如图 5.21 所示的有限矩形板，中部有一条水平裂纹，矩形板单向受力。矩形板的尺寸为 $L'=25\text{m}$，$W=10\text{ m}$，裂纹长度 $2a=8\text{ m}$。计算中所取参数如下：弹性模量 $E=1\,000\text{ MPa}$，泊松比 $\mu=0.3$。

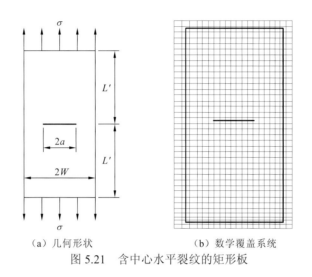

(a) 几何形状　　　　　(b) 数学覆盖系统

图 5.21　含中心水平裂纹的矩形板

本问题的应力强度因子 K_{I} 的参考解[114]可以表示为

$$K_{\mathrm{I}} = C\sigma\sqrt{\pi a} \tag{5.22}$$

其中，

$$C = \left[1 - 0.025\left(\frac{a}{W}\right)^2 - 0.06\left(\frac{a}{W}\right)^4\right]\left[\sec\left(\frac{\pi a}{2W}\right)\right]^{0.5} \tag{5.23}$$

根据式（5.22）和式（5.23）可得该问题的解析解，为 $K_{\mathrm{I}}=3.913\,5$[115]。

数值流形方法中的数学覆盖系统如图 5.21（b）所示。采用三种密度的规则矩形网格（Mesh1～Mesh3），利用相互作用积分方法[116]计算应力强度因子。应力强度因子的相对误差定义为

$$\text{Error} = \frac{\left|K_{\mathrm{I}}^{\text{num}} - K_{\mathrm{I}}^{\text{exact}}\right|}{K_{\mathrm{I}}^{\text{exact}}} \tag{5.24}$$

式中：$K_{\mathrm{I}}^{\text{num}}$ 为采用数值流形方法计算的应力强度因子；$K_{\mathrm{I}}^{\text{exact}}$ 为应力强度因子的解析解。

图 5.22 和表 5.1 为不同阶次数值流形方法在三种网格密度下应力强度因子的计算误差，可以看出：在相同数学覆盖系统下，随着 B 样条基函数阶次的提高，应力强度因子的计算误差在逐步减小；并且，NMM_B3 的收敛速率要明显高于 NMM_B1 和 NMM_B2。

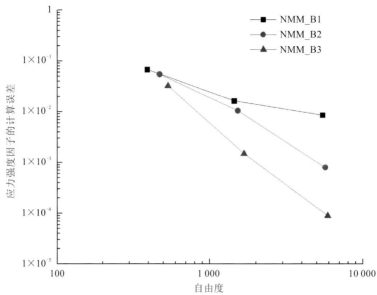

图 5.22   不同网格密度下应力强度因子的计算误差

表 **5.1**   矩形板内应力强度因子的计算误差

网格	NMM_B1		NMM_B2		NMM_B3	
	自由度	误差/%	自由度	误差/%	自由度	误差/%
Mesh1	392	6.83	472	5.47	536	3.24
Mesh2	1 438	1.65	1 520	1.05	1 670	0.15
Mesh3	5 434	0.86	5 656	0.18	5 882	0.008

第 6 章

基于适合分析的 T 样条的数值流形方法

6.1　引　　言

采用规则网格的数值流形方法进行网格加密时，往往需要进行如图 6.1（a）所示的全局加密，若进行局部加密，通常会形成如图 6.1（b）所示的 T 结点（连接三条边的点），在有限元法中称为"悬挂结点"[117]，如处理不当，会造成位移、应力计算结果的不准确。第 5 章讲到的基于 B 样条的高阶数值流形方法采用的均是全局加密策略，主要原因是 B 样条本身是张量积的拓扑结构，当对某一区域进行加密时，会出现多余的加密区域，造成加密效率不高。T 样条允许拓扑结构中出现 T 结点，使得局部加密可以实现。然而，T 样条基函数的线性无关性在一般的 T 网格上不能保证，当将 T 样条用于分析时，可能会使刚度矩阵奇异，无法进行数值求解。适合分析的 T（analysis-suitable T，AST）样条是 T 网格满足一定条件的一类样条，其基函数具有线性无关性，可用于分析。

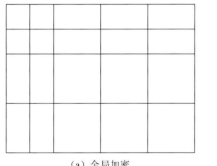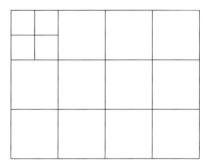

（a）全局加密　　　　　　　　　　　（b）局部加密

图 6.1　两种数学覆盖加密策略

本章将 AST 样条引入数值流形方法中，AST 样条的基函数具有线性无关、单位分解、局部加密等许多重要性质。在引入 AST 样条后，可通过改变数学覆盖的构造形式建立不同阶次的数值流形方法的分析格式，这一点与第 5 章介绍的基于 B 样条的高阶数值流形方法类似；不同的是，AST 样条自身的局部加密性质使得数值流形方法中数学网格的局部加密更容易实现。此外，基于该方法，本章提出一种简单的数学网格局部加密算法。本章的结构如下：6.2 节详细介绍在引入 AST 样条后如何确定数学覆盖的支撑域及控制点；6.3 节提出了一种简单的数学网格局部加密算法，该算法能保证局部加密后的数学网格仍然是适合分析的；6.4 节给出两个算例来说明本章所提出算法的优势。

6.2　AST 网格构造数学覆盖系统

在数值流形方法中，将如图 6.2 所示的 AST 网格（$p=1, 2, 3$）作为数学覆盖系统。

如图 6.3～图 6.5 所示,当 $p=1, 2, 3$ 时,T 网格中不存在竖直的 T 结点扩展与水平的 T 结点扩展相交或接触的情况,所以此 T 网格产生的 T 样条为 AST 样条。

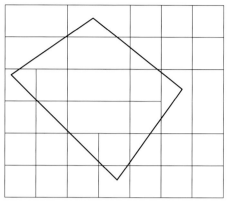

图 6.2　作为数学覆盖系统的 AST 网格

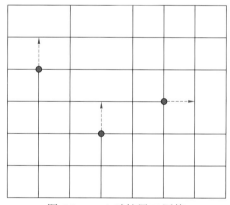

图 6.3　$p=1$ 时扩展 T 网格

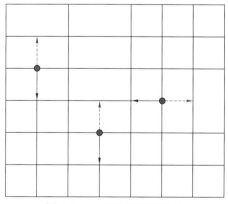

图 6.4　$p=2$ 时扩展 T 网格

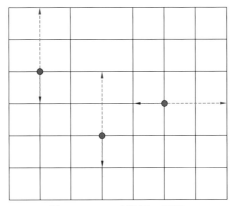

图 6.5 $p=3$ 时扩展 T 网格

利用 T 网格中锚点的概念来标记每一个数学覆盖，锚点用来定义数学覆盖的位置。当阶次 p 为奇数时，数学网格中每一个顶点均为一个锚点（代表一个数学覆盖）；当 p 为偶数时，锚点落在了数学网格中每个矩形的中心。数学网格中每一个数学覆盖的支撑域的确定规则与 T 网格中 T 样条基函数的支撑域的确定规则类似。

如图 6.6 所示，当 $p=1$ 时，蓝色圆点表示数学覆盖 M_1。从该点开始水平遍历，记录下锚点左侧第一个相遇的正交边（$x=x_5$），以及锚点右侧第一个相遇的正交边（$x=x_7$），这样就找出了数学覆盖 M_1 在水平方向的范围。利用同样的规则，进行垂直遍历，分别记录下锚点上方和下方第一 $[(p+1)/2=1]$ 个相遇的正交边（$y=y_5$，$y=y_3$）。至此，找出了数学覆盖 M_1 的支撑域（红色区域）和相应的 9 个控制点（8 个黑色圆点和 1 个蓝色圆点）。

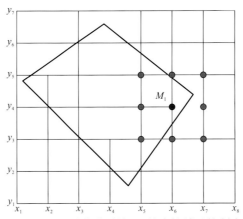

图 6.6 $p=1$ 时数学覆盖 M_1 的支撑域及控制点

对于偶数阶次的 T 样条，操作是类似的。如图 6.7 所示，此时 T 样条的阶次 $p=2$，矩形中心点为一锚点，代表数学覆盖 M_2 的位置。从锚点（蓝色圆点）开始，通过水平和垂直遍历记录下在每个方向对应的前两（$p/2+1=2$）个正交边（上为 $y=y_5$，$y=y_6$；下为 $y=y_4$，$y=y_3$；左为 $x=x_5$，$x=x_3$；右为 $x=x_6$，$x=x_7$），从而找到数学覆盖 M_2 的支撑域（红色区域）和控制点（16 个黑色圆点）。

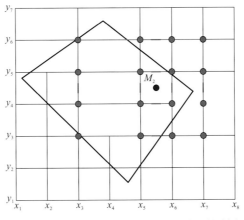

图 6.7　$p=2$ 时数学覆盖 M_2 的支撑域及控制点

图 6.8 为 T 样条的阶次 $p=3$ 时对应的网格，与 $p=1$ 时一样，蓝色圆点为数学覆盖 M_3 的位置，从该点开始，通过水平和垂直遍历记录下在每个方向对应的前两 $[(p+1)/2=2]$ 个正交边（上为 $y=y_5$，$y=y_6$；下为 $y=y_3$，$y=y_2$；左为 $x=x_5$，$x=x_3$；右为 $x=x_7$，$x=x_8$），从而得到数学覆盖 M_3 的支撑域（红色区域）及控制点（24 个黑色圆点和 1 个蓝色圆点）。

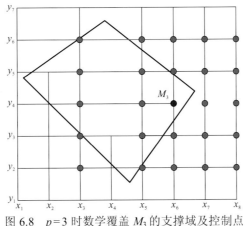

图 6.8　$p=3$ 时数学覆盖 M_3 的支撑域及控制点

在确定数学覆盖的支撑域及控制点后，其上的权函数的定义与第 5 章介绍的基于 B 样条的高阶数值流形方法中权函数的定义一致。权函数同样定义在数学覆盖的 $\xi\text{-}\eta$ 空间中，$p=1,2,3$ 时，数学覆盖上的权函数见式（5.1）～式（5.6）。权函数具有 B 样条的所有重要的数学性质，如单位分解特性、线性相关性、非负性、紧支性等。需要指出的是，当网格中不存在 T 结点时，基于 AST 样条的数值流形方法等价于第 5 章中介绍的基于 B 样条的数值流形方法。

6.3　数学网格局部加密算法

当对一个 AST 网格加密后，所产生的新的网格往往不再是 AST 网格。Scott 等[118]提出了一种可用于分析 T 样条的局部加密算法，该算法不会产生多余的控制点。基于此，本章提出了一种简单的数学网格局部加密算法，该算法能保证局部加密后的数学网格仍然是适合分析的。

该算法主要包括以下步骤：

（1）确定需要被加密的区域，如应力集中区、裂纹尖端等应力梯度较大的区域；

（2）添加竖直线和水平线，对目标区域进行加密；

（3）找出 T 结点，并添加 T 结点扩展，形成扩展 T 网格，并判断网格中是否存在竖直的 T 结点扩展与水平的 T 结点扩展相交或接触的情况，如果这种情况存在，需对网格进一步加密，加密的起点为 T 结点，方向为 T 结点缺失边的方向，终点为遇到的第一个正交边；

（4）重复步骤（3）直到扩展的 T 网格中不存在竖直的 T 结点扩展与水平的 T 结点扩展相交或接触的情况。

该算法的流程图如图 6.9 所示。

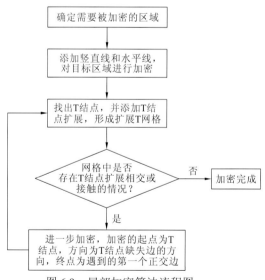

图 6.9　局部加密算法流程图

为了更清楚地说明这个过程，给出如图 6.10 所示的一个例子。图 6.10（a）为数值流形方法中的数学网格 T_1，由于网格中不存在 T 结点，称该网格是适合分析的。对网格中部的 6 个矩形单元添加竖直线和水平线进行加密，加密后的数学网格见图 6.10（b），可以看出加密后数学网格中出现了 10 个 T 结点。添加 T 结点扩展，形成扩展 T 网格，从图 6.10（c）中可以看出，扩展 T 网格中存在竖直的 T 结点扩展与水平的 T 结点扩展接触的情况。T 结点 A 和 D、C 和 E、F 和 H、J 和 G 的扩展相互接触。因此，第一次加密后形成的数学网格 T_2 不再是适合分析的。通过添加四条竖直线对数学网格 T_2 进行加密形成数学网格 T_3，这四条线的起点分别为 T 结点 A、C、H 和 J，方向为 T 结点缺失边的方向，终点为遇到的第一个正交边，见图 6.10（d）。此时，T 结点 A、C、H 和 J 分别变为 A′、C′、H′ 和 J′，数学网格 T_3 的扩展 T 网格如图 6.10（e）所示。可以看出，扩展 T 网格中不再存在竖直的 T 结点扩展与水平的 T 结点扩展接触的情况，所以最终形成的数学网格 T_3 是可分析的。

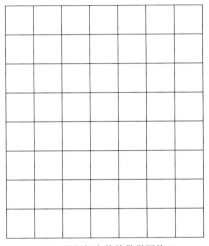

（a）局部加密前的数学网格T_1

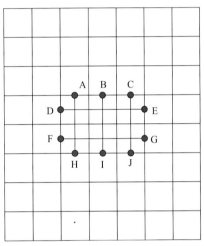

（b）第一次局部加密后的数学网格T_2

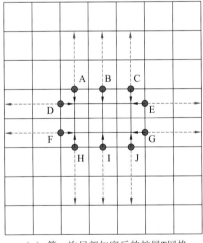

（c）第一次局部加密后的扩展T网格

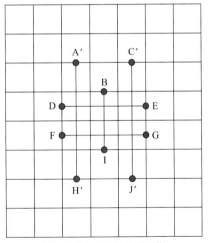

（d）最终加密后的数学网格T_3

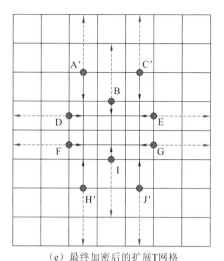

（e）最终加密后的扩展T网格

图 6.10　一个简单的网格局部加密过程

如图 6.11 所示，采用 AST 网格对矩形板裂纹尖端处进行局部加密，T 样条的阶次 $p=3$。可以看到，含裂纹单元为相应的 16 个奇异物理覆盖的重叠区域，奇异物理覆盖上的覆盖位移函数按照 4.3 节中的方式进行增强。

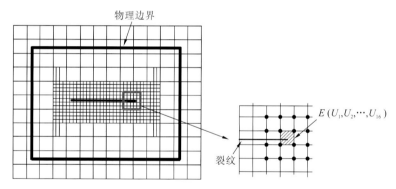

图 6.11　裂纹尖端处数学网格加密

6.4　数　值　算　例

6.4.1　含中心裂纹圆盘受集中力作用

如图 6.12 所示，半径为 R 的圆盘中有一条长度为 $2a$ 的中心裂纹，在与裂纹重合的直径两端作用着一对单位厚度集中力 P，该问题中应力强度因子的解可以从《应力强度因子手册》中查得。

$$K_{\mathrm{I}} = F\left(\frac{a}{R}\right)\sigma\sqrt{\pi a} \qquad (6.1)$$

$$\sigma = P / (\pi R) \qquad (6.2)$$

$$F(x) = (1 - 0.496\,4x + 1.558\,2x^2 - 3.181\,8x^3 + 10.096\,2x^4 - 20.778\,2x^5 \\ + 20.134\,2x^6 - 7.506\,7x^7) / \sqrt{1-x} \qquad (6.3)$$

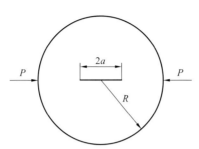

图 6.12　含中心裂纹的圆盘

模型参数如下：$R=1$ m，$a=0.3$ m，$P=1$ kN/m，弹性模量 $E=1\,000$ MPa，泊松比 $\mu=0.3$。采用如图 6.13 所示的两种数学覆盖加密网格，图 6.13（a）是对裂纹区域全局加密的数学覆盖网格 Mesh1，而图 6.13（b）为相应区域局部加密的数学覆盖网格 Mesh2。

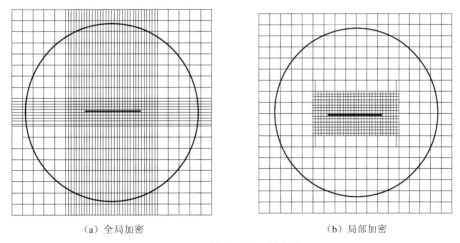

（a）全局加密　　　　　　　　　　　　　　（b）局部加密

图 6.13　数学覆盖网格加密

在上述模型下，应力强度因子的参考解为 $K_{\mathrm{I}}=0.350\,7$。表 6.1 为应力强度因子的实际计算结果，从表 6.1 中可以看出：采用相同的数学覆盖网格，基于高阶 AST 样条的数值流形方法有更高的精度；不同加密方式的数学覆盖网格，自由度有着显著的差别，但应力强度因子的计算结果相差不大。

表 6.1　应力强度因子的计算结果

方法	NMM_T1		NMM_T2		NMM_T3	
网格	Mesh1	Mesh2	Mesh1	Mesh2	Mesh1	Mesh2
自由度	1 928	1 168	2 152	1 202	2 386	1 256
应力强度因子	0.345 1	0.345 0	0.347 6	0.346 9	0.349 1	0.349 3
误差/%	1.60	1.63	0.88	1.09	0.46	0.40

注：NMM_T1 为基于线性 AST 样条的数值流形方法；NMM_T2 为基于二次 AST 样条的数值流形方法；NMM_T3 为基于三次 AST 样条的数值流形方法。

6.4.2　隧道模拟

如图 6.14 所示，隧道的断面形式为直墙圆弧拱，其中直墙高 10 m，拱高 5.7 m，净宽 20 m，整个计算模型的几何尺寸为 160 m×140 m，在模型两侧及底端约束其法向位移。模型材料的力学参数如下：弹性模量 E 为 18 GPa，泊松比 μ 为 0.18，密度为 3 300 kg/m³，假定模型处于平面应变状态。

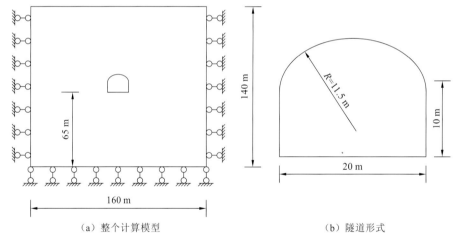

（a）整个计算模型　　　　　　　　（b）隧道形式

图 6.14　数值计算模型

将如图 6.15（a）所示的 AST 网格作为数值流形方法中的数学覆盖系统，模型共生成 1 203 个物理覆盖和 1 146 个流形单元。作为对比，采用 ABAQUS 进行计算，ABAQUS 中的有限元网格如图 6.15（b）所示，模型包含 1 083 个单元，结点数为 3 367。

图 6.16 为两种方法计算的该模型在自身重力下的应力云图。从图 6.16 中可以看出，采用 AST 网格后，数值流形方法的计算结果与 ABAQUS 的计算结果吻合。结果中的应力变化范围和分布情况都较吻合。

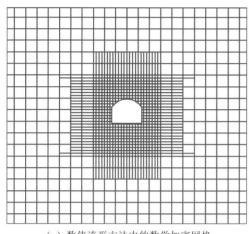

（a）数值流形方法中的数学加密网格　　　　　　（b）ABAQUS中的有限元网格

图 6.15　两种网格

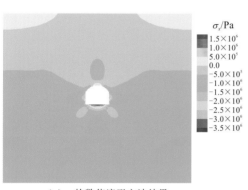

（a）σ_x 的数值流形方法结果

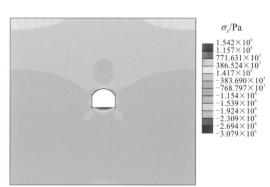

（b）σ_x 的ABAQUS结果

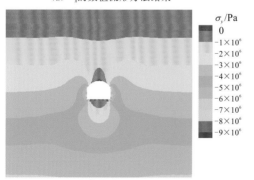

（c）σ_y 的数值流形方法结果

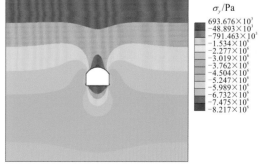

（d）σ_y 的ABAQUS结果

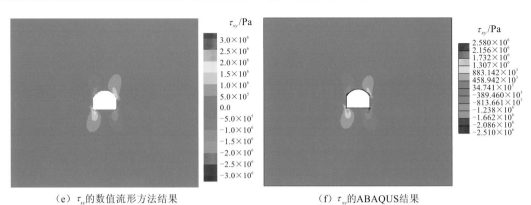

（e）τ_{xy}的数值流形方法结果　　　　　　　　（f）τ_{xy}的ABAQUS结果

图6.16　数值流形方法和 ABAQUS 的计算结果

第 7 章

数值流形方法中含圆弧边界问题的处理方法

7.1 引　　言

　　在利用数值分析方法进行数值积分时，积分点往往通过基于拉格朗日、Legendre、Hermite 等多项式插值函数的坐标变换进行布置。然而，多项式插值函数无法精确表示许多在工程设计中常见的几何形状，如圆弧、双曲线、椭圆等。针对含有这些曲线边界的计算问题，在传统的数值分析方法中，往往需要简化实际的几何形状，即以直线段代替曲线段，这种情况下的积分是近似的。

　　等几何分析在几何模型和分析模型中采用统一的描述方式，实现了计算机辅助设计（computer aided design，CAD）与计算机辅助工程（computer aided engineering，CAE）的无缝连接。该方法保证了对几何模型的精确描述，在 CAE 建模时避免了因几何模型简化而产生的误差。CAD 中常用的表达几何模型的基函数有 B 样条、NURBS、Bézier 曲线等。Bézier 曲线[119]是法国雷诺汽车公司的 P. Bézier 构造的一种以逼近为基础的参数曲线，该曲线具有良好的几何性质，能简洁、完美地描述和表达自由曲线与曲面，在 CAD 中得到广泛的应用。但是 Bézier 曲线方法仍然存在拼接问题和局部修改问题。B 样条方法几乎继承了 Bézier 曲线方法的一切优点，同时克服了 Bézier 曲线方法存在的一些缺点，较成功地解决了局部控制问题，并在参数连续性基础上解决了连接问题。B 样条虽然有强大的表示曲线、曲面的能力，但是对于许多在工程设计中常见的几何形状，如圆弧、双曲线、椭圆等，却无法精确表示。为了克服这一缺点，产生了有理 B 样条。NURBS 方法突出的优点是：可以精确地表示二次规则曲线、曲面，从而能用统一的数学形式表示规则曲面和自由曲面；具有可以影响曲线、曲面形状的权因子，使形状易于控制和实现。

　　本章将 NURBS 引入数值流形方法中，提出采用二阶有理 B 样条曲线表示圆弧边界，在进行数值积分时建立相应的坐标变换，从而实现对含有圆弧边界问题的精确积分。本章的结构如下：7.2 节详细介绍如何通过设定权值和布置控制点，利用 NURBS 来描述任意一段圆弧，并给出 NURBS 和 B 样条两种曲线在描述 1/4 圆弧时的差异；7.3 节阐述如何对数值流形方法中含圆弧的流形单元进行处理，以实现对圆弧边界问题的精确积分；7.4 节将给出算例以验证本章所提方法的有效性。

7.2　NURBS 曲线描述圆弧

7.2.1　NURBS 曲线的定义

　　n 维空间中的 NURBS 可由 $n+1$ 维空间的 B 样条进行投影得到。NURBS 曲线可以表示为

$$C(\xi) = \sum_{i=1}^{n} R_{i,p}(\xi) B_i \tag{7.1}$$

其中，

$$R_{i,p}(\xi) = \frac{N_{i,p}(\xi) w_i}{\sum_{j=1}^{n} N_{j,p}(\xi) w_j} \tag{7.2}$$

$N_{i,p}(\xi)$ 可由式（5.1）和式（5.2）推导。

w_i 为控制点 B_i 处的权值，可以通过选择合适的权值使得 NURBS 能够准确地表示不同类型的曲线和曲面，如圆弧、双曲线、圆柱面等。当基函数的权值相等时，NURBS 就退化为 B 样条。如图 7.1 所示，当控制点 B_3 处的权值逐渐减小时，曲线逐渐远离控制点。

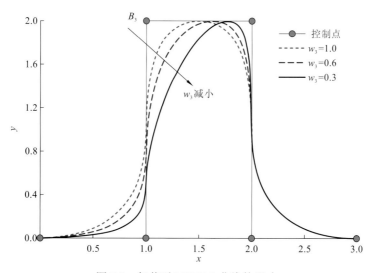

图 7.1　权值对 NURBS 曲线的影响

7.2.2　NURBS 曲线表示任意一段圆弧

对于如图 7.2 所示的任意一段劣弧，可利用二阶 NURBS 曲线[式（7.1）]进行描述，其中

$$N_{1,2}(\xi) = (1-\xi)^2, \quad N_{2,2}(\xi) = 2\xi(1-\xi), \quad N_{3,2}(\xi) = \xi^2 \tag{7.3}$$

$$w_1 = 1, \quad w_2 = \cos\theta, \quad w_3 = 1 \tag{7.4}$$

控制点 B_1、B_3 为圆弧的两个端点，B_2 为圆弧两端点切线的交点。

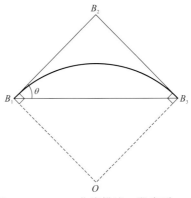

图 7.2　NURBS 曲线描述一段劣弧

7.2.3　示例——利用 NURBS 曲线描述 1/4 圆

本节利用式（7.1）～式（7.4）描述 1/4 圆，此时 $\theta = 45°$，控制点及权值可以表示为

$$\boldsymbol{B} = \begin{bmatrix} x_1 & y_1 \\ x_2 & y_2 \\ x_3 & y_3 \end{bmatrix} = \begin{bmatrix} 0 & 1 \\ 1 & 1 \\ 1 & 0 \end{bmatrix}, \quad \boldsymbol{w} = \begin{Bmatrix} w_1 \\ w_2 \\ w_3 \end{Bmatrix} = \begin{Bmatrix} 1 \\ \sqrt{2}/2 \\ 1 \end{Bmatrix} \quad (7.5)$$

B 样条基函数见图 7.3（a），NURBS 的基函数见图 7.3（b）。可以看出，w_2 不仅对 $R_{2,2}$ 有影响，而且影响到了 $R_{1,2}$ 和 $R_{3,2}$。

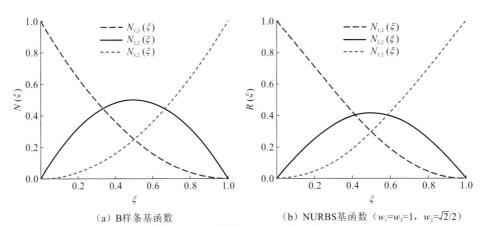

（a）B样条基函数　　　　　　　　　　（b）NURBS基函数（$w_1 = w_3 = 1$，$w_2 = \sqrt{2}/2$）

图 7.3　B 样条和 NURBS 的基函数

图 7.4 为采用 B 样条曲线和 NURBS 曲线对 1/4 圆描述的结果。取曲线上一点来验证结果的正确性，令 $\xi = 1/2$，由式（7.3）可得 B 样条的基函数在点 $\xi = 1/2$ 处的值：

$$N_{1,2}\left(\frac{1}{2}\right) = \left(1 - \frac{1}{2}\right)^2 = \frac{1}{4} \quad (7.6)$$

$$N_{2,2}\left(\frac{1}{2}\right) = 2 \cdot \frac{1}{2}\left(1 - \frac{1}{2}\right) = \frac{1}{2} \quad (7.7)$$

$$N_{3,2}\left(\frac{1}{2}\right)=\left(\frac{1}{2}\right)^2=\frac{1}{4} \tag{7.8}$$

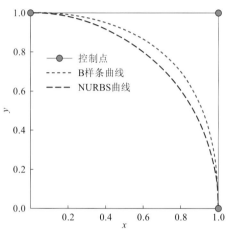

图 7.4　B 样条曲线和 NURBS 曲线描述 1/4 圆

由式（7.2）、式（7.3）和式（7.5）可得 NURBS 的基函数在点 $\xi=1/2$ 处的值；

$$\sum_{j=1}^{n}N_{j,2}\left(\frac{1}{2}\right)w_j=\frac{1}{4}\cdot 1+\frac{1}{2}\cdot\frac{\sqrt{2}}{2}+\frac{1}{4}\cdot 1=\frac{1}{2}+\frac{\sqrt{2}}{4} \tag{7.9}$$

$$R_{1,2}\left(\frac{1}{2}\right)=\frac{N_{1,2}(1/2)w_1}{\displaystyle\sum_{j=1}^{n}N_{j,2}(1/2)w_j}=\frac{1/4\cdot 1}{1/2+\sqrt{2}/4}=1-\frac{\sqrt{2}}{2} \tag{7.10}$$

$$R_{2,2}\left(\frac{1}{2}\right)=\frac{N_{2,2}(1/2)w_2}{\displaystyle\sum_{j=1}^{n}N_{j,2}(1/2)w_j}=\frac{1/2\cdot\sqrt{2}/2}{1/2+\sqrt{2}/4}=\sqrt{2}-1 \tag{7.11}$$

$$R_{3,2}\left(\frac{1}{2}\right)=\frac{N_{3,2}(1/2)w_3}{\displaystyle\sum_{j=1}^{n}N_{j,2}(1/2)w_j}=\frac{1/4\cdot 1}{1/2+\sqrt{2}/4}=1-\frac{\sqrt{2}}{2} \tag{7.12}$$

B 样条曲线在 $\xi=1/2$ 处的坐标为

$$C\left(\frac{1}{2}\right)=\sum_{i=1}^{3}N_{i,2}\left(\frac{1}{2}\right)\begin{Bmatrix}x_i\\y_i\end{Bmatrix}=\begin{Bmatrix}3/4\\3/4\end{Bmatrix} \tag{7.13}$$

NURBS 曲线在 $\xi=1/2$ 处的坐标为

$$C\left(\frac{1}{2}\right)=\sum_{i=1}^{3}R_{i,2}\left(\frac{1}{2}\right)\begin{Bmatrix}x_i\\y_i\end{Bmatrix}=\begin{Bmatrix}\sqrt{2}/2\\\sqrt{2}/2\end{Bmatrix} \tag{7.14}$$

显然，NURBS 曲线实现了对圆弧的精确表达，而 B 样条曲线由于其基函数没有相应的权重分配（所有的权值均为 1），所描述的曲线产生了变形。

7.3 含圆弧边界流形单元的处理

对于如图 7.5 所示含圆弧边界的流形单元，在其中心找到点 B_3，将其变为 4 个三角形。图 7.5 中有 3 个不含圆弧边界的三角形和 1 个含圆弧边界的三角形。

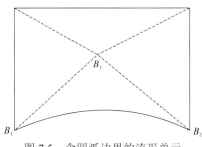

图 7.5 含圆弧边界的流形单元

（1）对于不含圆弧边界的 3 个三角形，采用如图 7.6 所示的坐标变换进行数值积分点的布置。其公式为

$$\begin{cases} x = \sum_{i=1}^{4} N_i(\xi,\eta)x_i \\ y = \sum_{i=1}^{4} N_i(\xi,\eta)y_i \end{cases}$$

（7.15）

其中，(x_i, y_i) 为三角形顶点整体坐标系下的坐标，从图 7.6 中可以看出角点 1 和 2 为同一点，形函数 $N_i(\xi,\eta)$ 可以表示为

$$N_i(\xi,\eta) = \frac{1}{4}(1+\xi_i\xi)(1+\eta_i\eta)$$

（7.16）

(ξ_i, η_i) 为四边形的四个顶点在 ξ-η 空间的坐标。

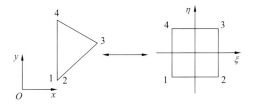

图 7.6 一个三角形和一个四边形的坐标变换

（2）对于图 7.5 中含圆弧边界的三角形 $B_1B_2B_3$，可以利用 NURBS 曲面进行表示，其基函数的表达式为

$$R_{i,j}(\xi,\eta) = \frac{N_{i,n}(\xi)M_{j,m}(\eta)w_{i,j}}{\sum_{i=1}^{n}\sum_{j=1}^{m}N_{i,n}(\xi)M_{j,m}(\eta)w_{i,j}}$$

（7.17）

在 ξ 方向，针对圆弧曲线，采用 7.2 节所讲的二阶 NURBS 曲线；在 η 方向，采用一阶 NURBS 曲线。$M_{j,m}(\eta)$ 的表达式为

$$M_{1,1}(\eta)=1-\eta, \qquad M_{2,1}(\eta)=\eta \tag{7.18}$$

对该三角形进行数值积分时按图 7.7 进行两次不同的坐标变换。从参数空间到物理区域的转换可以表示为

$$\begin{cases} x=\displaystyle\sum_{i=1}^{3}\sum_{j=1}^{2}R_{i,j}(\xi,\eta)x_{i,j} \\ y=\displaystyle\sum_{i=1}^{3}\sum_{j=1}^{2}R_{i,j}(\xi,\eta)y_{i,j} \end{cases} \tag{7.19}$$

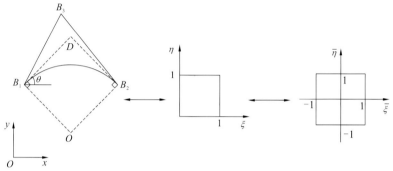

图 7.7　物理区域到母单元的转换

转换的 Jacobian 矩阵为

$$\boldsymbol{J}_{\xi}=\begin{bmatrix} \displaystyle\sum_{i=1}^{3}\sum_{j=1}^{2}\frac{\partial R_{i,j}(\xi,\eta)}{\partial \xi}x_{i,j} & \displaystyle\sum_{i=1}^{3}\sum_{j=1}^{2}\frac{\partial R_{i,j}(\xi,\eta)}{\partial \xi}y_{i,j} \\ \displaystyle\sum_{i=1}^{3}\sum_{j=1}^{2}\frac{\partial R_{i,j}(\xi,\eta)}{\partial \eta}x_{i,j} & \displaystyle\sum_{i=1}^{3}\sum_{j=1}^{2}\frac{\partial R_{i,j}(\xi,\eta)}{\partial \eta}y_{i,j} \end{bmatrix} \tag{7.20}$$

式中：$(x_{i,j}, y_{i,j})$ 为控制点的坐标，控制点（B_1、B_2、B_3）见图 7.7。

母单元与参数空间的转换可以表示为

$$\begin{cases} \xi=\dfrac{\overline{\xi}+1}{2} \\ \eta=\dfrac{\overline{\eta}+1}{2} \end{cases} \tag{7.21}$$

因此，该转换的 Jacobian 矩阵可以表示为

$$|\boldsymbol{J}_{\overline{\xi}}|=\frac{1}{4} \tag{7.22}$$

为了说明积分过程，以一个二元函数 $f(x, y)$ 为例进行介绍：

$$\begin{aligned} \int_{\Omega}f(x,y)\mathrm{d}\Omega &= \int_{\Omega_{\xi}}f[x(\xi,\eta),y(\xi,\eta)]\,|\,\boldsymbol{J}_{\xi}\,|\,\mathrm{d}\Omega_{\xi} \\ &= \int_{\Omega_{\overline{\xi}}}f[x(\overline{\xi},\overline{\eta}),y(\overline{\xi},\overline{\eta})]\,|\,\boldsymbol{J}_{\xi}\,||\,\boldsymbol{J}_{\overline{\xi}}\,|\,\mathrm{d}\Omega_{\overline{\xi}} \end{aligned} \tag{7.23}$$

式中：Ω 为三角形 $B_1B_2B_3$ 的物理区域；Ω_{ξ} 为参数空间；$\Omega_{\overline{\xi}}$ 为母空间。

7.4 数值算例

为了验证所建立的新的坐标变换的有效性，选取两个含有圆弧边界的数值算例进行计算，第一个算例为无限大的中心圆孔板，第二个算例为 6.4.1 小节中的算例，即含中心裂纹圆盘受集中力作用。

7.4.1 无限大中心圆孔板

如图 7.8（a）所示，无限大中心圆孔板的圆孔半径为 1 m，外围受到均匀的 x 方向的分布拉力作用，拉力的分布集度 T_x 为 1 kN/m。此问题在极坐标系下的精确解为

$$\sigma_r = \frac{1}{2}\left(1 - \frac{1}{r^2}\right) + \frac{1}{2}\left(1 + \frac{3}{r^4} - \frac{4}{r^2}\right)\cos(2\theta) \tag{7.24}$$

$$\sigma_\theta = \frac{1}{2}\left(1 + \frac{1}{r^2}\right) - \frac{1}{2}\left(1 + \frac{3}{r^4}\right)\cos(2\theta) \tag{7.25}$$

$$\tau_{r\theta} = -\frac{1}{2}\left(1 - \frac{3}{r^4} + \frac{2}{r^2}\right)\sin(2\theta) \tag{7.26}$$

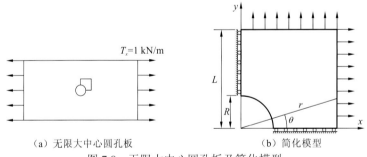

（a）无限大中心圆孔板　　　　　　（b）简化模型

图 7.8　无限大中心圆孔板及简化模型

考虑对称性，取无限板的一部分作为研究对象，模型参数如下：$R=1$ m，$L=3$ m，弹性模量 $E=1000$ MPa，泊松比 $\mu=0.3$。左侧位移边界条件为 $u_x=0$；底部位移边界条件为 $u_y=0$。依据理论解，在上边界和右边界上求得应力，在这两个边界上施加应力边界条件，如图 7.8（b）所示。

当输入几何模型参数时，其中的圆弧边界无法进行精确描述，需要进行几何近似，本书采取的策略是：在圆弧上布置一定数量的点，两相邻点之间用直线连接，以多段直线近似代替圆弧。如图 7.9 所示，在圆弧上布置了数量不同的点。数学覆盖系统采用图 7.10（a）中规则的矩形网格，利用第 5 章介绍的基于线性 B 样条的数值流形方法（NMM_B1）和基于二次 B 样条的数值流形方法（NMM_B2）进行计算，此时两种方法的自由度分别为 556 和 616。

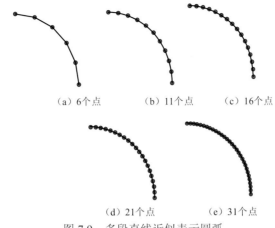

(a) 6个点　　(b) 11个点　　(c) 16个点

(d) 21个点　　(e) 31个点

图 7.9　多段直线近似表示圆弧

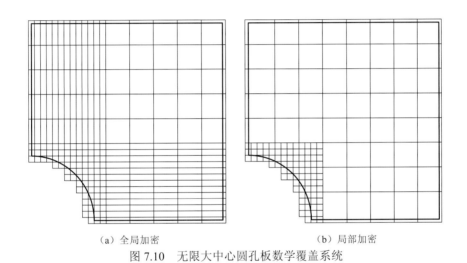

（a）全局加密　　　　　　　　　　　（b）局部加密

图 7.10　无限大中心圆孔板数学覆盖系统

　　圆弧顶点 x 方向上的应力 σ_x 的计算结果见图 7.11。结果表明，随着圆弧上布点数量的增多，两种数值流形方法的计算误差逐渐减小，当圆弧上布点数量足够多时，误差趋于稳定。从图 7.11 中还可以看出，当圆弧上的布点数量小于 16 时，NMM_B2 的计算误差明显大于 NMM_B1 的计算误差，主要原因是圆弧顶点 x 方向上的应力 σ_x 与相应物理覆盖所求未知量相关，当采用相同密度的数学网格时，NMM_B2 包含的近似圆弧的影响区域要明显大于 NMM_B1，并且这种影响随着圆弧上布点数量的增多逐渐减小。

　　图 7.12 为 NMM_B1 和 NMM_B2 两种方法的应力（σ_x）分布图。此时，圆弧边界上的点的数量为 31，即利用 30 条直线段近似代替圆弧边界。从图 7.12 中可以看出，相对于 NMM_B1，NMM_B2 的应力分布更为平滑。

　　数学覆盖采用 T 网格，如图 7.10（b）所示，由第 6 章可知当 T 样条的阶次为 1 时，该网格是适合分析的。对于含圆弧边界的流形单元，采用本章所介绍的处理方式，可实现对圆弧的精确描述。下面称采用该处理方式的数值流形方法为 NMM_B1（improved）、NMM_B2（improved）或 NMM_T1（improved）。

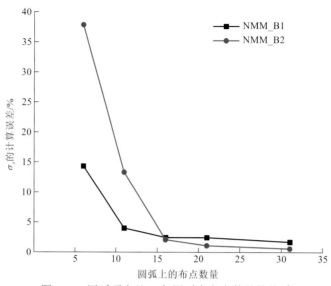

图 7.11　圆弧顶点处 σ_x 与圆弧上布点数量的关系

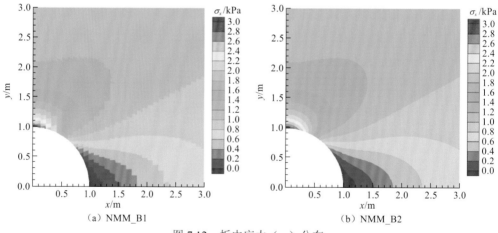

（a）NMM_B1　　　　　　　　　　　　　（b）NMM_B2

图 7.12　板中应力（σ_x）分布

　　图 7.13 为在不同数学网格密度下，六种数值流形方法的计算误差。从图 7.13 中可以看出，随着网格密度的不断增加，六种数值流形方法的计算误差逐渐降低。六条曲线的收敛速率不一致，NMM_B2 的下降速率要高于 NMM_B1，这是因为 NMM_B2 的权函数采用的是二次 B 样条基函数，而 NMM_B1 的权函数为线性 B 样条基函数（等同于线性的拉格朗日插值函数）；虽然 NMM_T1 与 NMM_B1 的权函数的阶次相同，但由于 NMM_T1 的数学网格中允许局部加密，NMM_T1 的收敛速率要高于 NMM_B1。此外，对含圆弧边界的流形单元处理之后，数值流形方法的精度有了一些提高。

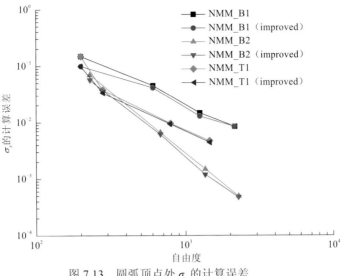

图 7.13　圆弧顶点处 σ_x 的计算误差

7.4.2　含中心裂纹圆盘受集中力作用

该算例与 6.4.1 小节一致,利用如图 7.14 所示的两种密度的数学网格进行计算,对于网格 1[图 7.14(a)],圆弧边界与数学网格形成了 64 个交点;对于网格 2[图 7.14(b)],圆弧边界与数学网格形成了 124 个交点。

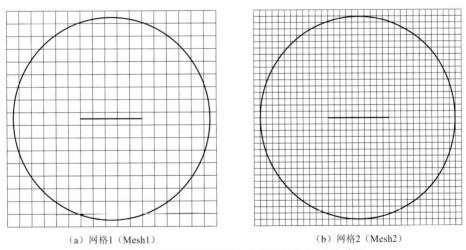

（a）网格1（Mesh1）　　　　　　　　　　（b）网格2（Mesh2）

图 7.14　含中心裂纹圆盘受集中力作用的数学覆盖系统

标准化后的应力强度因子定义为

$$N_1 = \frac{K_1^{\mathrm{c}}}{K_1} \tag{7.27}$$

式中:K_1^{c} 为应力强度因子的计算结果。

表 7.1 为不同裂纹长度下标准化后的应力强度因子的计算结果。从表 7.1 中可以看出，采用数值流形方法计算含有曲线边界的二维裂纹问题的应力强度因子时，采用新的坐标变换之后，数值流形方法的精度有了一定的提高。

表 7.1　标准化后的应力强度因子的计算结果

a/R	数值流形方法		新坐标变换下的数值流形方法	
	Mesh1	Mesh2	Mesh1	Mesh2
0.20	0.984 1	0.991 1	0.984 2	0.991 7
0.25	0.988 9	0.997 4	0.989 4	0.997 5
0.30	0.983 9	0.990 8	0.984 5	0.991 0
0.35	0.986 9	0.991 5	0.987 6	0.991 7
0.40	0.989 8	0.993 7	0.990 0	0.994 6

第 8 章

数值流形方法在地下洞室
稳定分析中的应用

8.1 引　　言

水电站地下厂房洞室受整个枢纽布置的空间约束，通常布置于河谷两岸或者一岸山体中，面临复杂的地质条件和地应力环境，地下厂房洞室围岩的稳定性问题突出。为此，本章利用所提出的数值流形方法，分析水布垭水电站地下洞室围岩的稳定性，对地下洞室开挖后的位移、应力在不同工况下的规律进行探讨，比较锚固前后洞室围岩的变形特征，证明在原有程序的基础上加入的锚固模块是合理的。本章还对数值流形方法的计算参数的敏感性进行研究，探讨参数取值变化对计算结果的影响。

8.2 工　程　概　况

地下厂房区从上到下由茅口组（P_1m）灰岩，栖霞组第一到第十五段（$P_1q^1 \sim P_1q^{15}$）灰岩，马鞍组（P_1ma）煤系，黄龙组（C_2h）灰岩、白云岩，以及泥盆系写经寺组（D_3x）页岩、泥质粉砂岩等岩性组成。其中，地下洞室穿越的岩层多由软硬相间的岩体组成。软岩岩性软弱、强度低，断层 F_{50} 斜切厂房顶拱，对厂房洞室的开挖、支护和围岩稳定十分不利。对厂房区地层进行了适当的地质概化，将地质分层和层间剪切带概化为不连续面，见图 8.1。

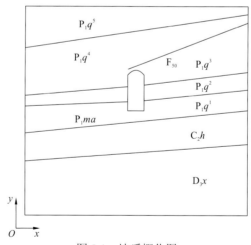

图 8.1　地质概化图

8.3 计算条件和方案

计算域范围为 300 m×250 m，其中 x 轴与厂房轴线垂直，以指向下游方向为正，y 轴为铅直方向，向上为正。主厂房尺寸为 21.6 m×48.5 m，位于地表以下约 250 m。计算域上、下、左、右设置单向铰支约束（角点设置双向约束），计算断面的网格如图 8.2 所示，分析时所形成的流形单元共 1 516 个，物理覆盖共 966 个。

图 8.2 计算模型网格

计算所采用的岩体力学参数见表 8.1。岩体的初始应力场根据实测地应力场和回归分析资料得到，铅直向应力具有自重应力分布特征，故铅直向应力取自重应力，计算时用水平应力乘以相应的侧向压力系数得到。计算荷载为初始地应力。锚杆的抗拉刚度为 264 MN，长 12 m，布置见图 8.3。

表 8.1 计算采用的岩体力学参数

岩性	容重/（kN/m³）	弹性模量 E/GPa	泊松比 μ
P_1q^5、P_1q^4、P_1q^3	27	15	0.25
P_1q^3、P_1q^1、C_2h	25	5	0.30
P_1ma	22	1	0.35
D_3x	25	10	0.27

不连续面的内摩擦角取 15°，黏聚力取 0.05 MPa。罚弹簧刚度取 30 000 MN/m，总的时间步数取 1 000，时间步长取 0.2 s，超松弛迭代因子为 1.4，最大位移率取 0.003。

为了分析地应力水平对围岩变形的影响，围岩中的水平应力分别考虑了四种水平，即侧向压力系数分别取 0.6（方案 k1）、1.0（方案 k2）、1.2（方案 k3）、1.7（方案 k4）。为比较锚固支护效果，以方案 k3 为例，计算相应的锚固支护条件下的变形特征。

用有限元法模拟岩体洞室开挖的一般方法是，由初始

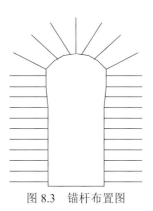

图 8.3 锚杆布置图

应力条件计算出开挖面上的作用荷载，并将此荷载反向。岩体开挖变形为在反向荷载作用下岩体的变形，应力为反向荷载作用下应力增量与初始应力的叠加。数值流形方法在处理不连续面接触问题时继承了 DDA 方法的处理方式，即在不连续界面，因不承受拉力，作用于开挖面上的反向荷载不能直接施加。因此，不能将有限元连续介质的开挖模拟方法用到数值流形方法上来。

在数值流形方法中，可将流形单元的初始应力反向来模拟岩体开挖，即假定初始应力为$[\sigma_0]$，计算在$-[\sigma_0]$作用下岩体的变形$[D_0]$和应力增量$[\Delta\sigma]$，则岩体的开挖变形为$[D] = [D_0]$，应力为$[\sigma] = [\sigma_0] + [\Delta\sigma]$。

8.4 计算结果与分析

以下计算结果中，拉应力为正，压应力为负，单位为 MPa；位移单位为 mm。

1. 方案 k3 的计算结果与分析

图 8.4 和图 8.5 分别为通过数值流形方法计算出的洞室围岩位移及主应力矢量图。图 8.6 为洞周位移变形图，特征点位移见表 8.2。从图 8.6 可以看出，开挖完成后，洞周的总变形趋势是向洞内变形，出现了顶部下陷和底板向上回弹的现象。最大位移出现在右侧边墙岩层 P_1q^3 的下部，最大位移量为 125.0 mm，顶拱岩层由 P_1q^4 灰岩组成，岩性较完整坚硬，变形较小，位移为 15.8 mm。底板岩层 P_1ma 的岩性较弱，最大变形量为 69.0 mm。从图 8.6 可以明显看出，在不连续面附近，位移有突变，最大突变值为 79.4 mm。洞室开挖后，应力场重新分布。从图 8.5 可以看出，洞室周围径向应力释放，切向应力增加。应力重分布后，洞室周边应力为 0.01～10 MPa，在角点和顶拱靠近断层处出现应力集中现象，应力达到 15 MPa。

图 8.4 地下洞室围岩位移矢量图

图 8.5　地下洞室围岩主应力矢量图

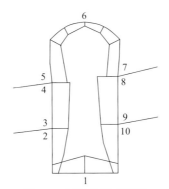

图 8.6　洞周位移变形图

表 **8.2**　　锚固前后特征点位移　　　　　　（单位：mm）

特征点编号	无锚固		有锚固	
	x 向	y 向	x 向	y 向
1	−6.5	69.0	−1.0	49.7
4	87.0	8.4	78.2	7.7
5	77.3	5.9	67.6	6.5
6	−1.9	−15.8	−1.4	−7.0
7	−45.6	−10.8	−56.0	−6.4
8	−125.0	−14.1	−88.9	−10.1
9	−96.4	16.5	−74.8	6.8
10	−100.4	17.3	−80.7	8.0

表 8.2 列出了锚固后洞室周围各点的位移。锚固后洞室周边各点的位移普遍减小，最大位移比锚固前减小 28.9%。在特征点 7、8 附近，加锚前层间不连续面的张开错动量最大，相对错动量为 79.4 mm；加锚后协同工作，特征点 7 的位移变大，特征点 8 的位移变小，两者的相对错动量减小到 32.9 mm，层间错动位移减小 58.6%。加锚固措施后，洞周径向应力普遍增大，切向应力相对减小，见图 8.7。

图 8.7　加锚固后主应力矢量图

图 8.8、图 8.9 分别为锚固前后洞室右边墙沿深度方向和高度方向位移的变化规律。由图 8.8 可见，洞室右边墙的位移沿深度方向明显减小，逐渐趋于零。开始段的递减速度大于深部的递减速度，在约 3 倍洞径处位移已降低了约 80%；加锚固支护后，在靠近右边墙的部位位移明显减小，随深度方向距离的增加，位移减小量递减。从图 8.9 可以看出，洞室右边墙沿高度方向的位移由于有不连续面存在，呈波动分布，在不连续面两侧位移有突变；在施加锚固措施后，右边墙的位移减小，不连续面的层间错动位移减小明显，在右边墙上部的不连续面一侧由于变形协调作用位移略有增大。

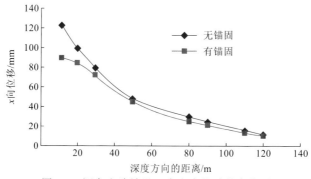

图 8.8　洞室右边墙沿深度方向位移的变化图

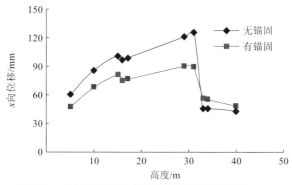

图 8.9　洞室右边墙沿高度方向位移的变化图

2. 不同方案的计算结果与分析

图 8.10 和图 8.11 为侧向压力系数分别取 0.6（方案 k1）、1.0（方案 k2）、1.2（方案 k3）、1.7（方案 k4）时特征点 8 的位移，以及特征点 7、8 处不连续面的错动位移。从图 8.10 和图 8.11 可以看出，特征点 8 的位移随侧向压力系数的增大而不断增大；不连续面的错动位移随侧向压力系数的增大有增大趋势，但在高水平应力条件下，不连续面上、下层面的位移均较大，而错动位移有所减小。

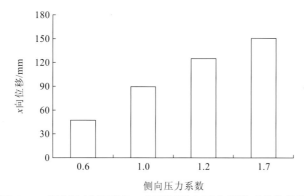

图 8.10　洞室边墙特征点 8 在不同侧向压力系数时的位移图

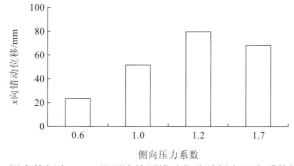

图 8.11　洞室特征点 7、8 处不连续面错动位移随侧向压力系数的变化图

图 8.12 为在不同侧向压力系数下，洞室右边墙沿深度方向位移的变化图。图 8.12 显示，右边墙 x 向位移随侧向压力系数的增大而增大，位移沿围岩深度方向具有线性递减的分布特征。

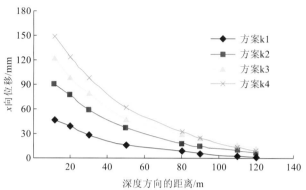

图 8.12　不同侧向压力系数下洞室右边墙沿深度方向位移的变化图

8.5　关键参数的敏感性分析

计算中一些关键参数的选取对计算结果和迭代收敛性有显著影响。因此，选取了总时间步数、内摩擦角和罚弹簧刚度等关键参数进行了比较。使用 8.4 节中的算例进行分析，并进行了适当简化，初始应力 $\sigma_x = -6\,\mathrm{MPa}$，$\sigma_y = -6\,\mathrm{MPa}$，$\tau_{xy} = 0$，侧向压力系数取 1.0。

8.5.1　总时间步数影响

选取图 8.6 中的特征点 8，研究该点的位移、应力随时间步数的变化规律。表 8.3 为位移随时间步数的变化情况。从表 8.3 可以看出，位移随时间步数的增大而增长，达到一定时间步数后，趋于某一常量，表明地下洞室的围岩在开挖后重新达到平衡状态。

表 8.3　特征点 8 的位移随时间步数的变化表

位移	时间步数							
	3	5	10	20	50	100	500	1 000
x 向位移/mm	−52.92	−52.82	−67.97	−67.35	−67.75	−67.76	−67.76	−67.76
y 向位移/mm	−7.27	−7.32	−17.93	−15.84	−15.48	−15.47	−15.47	−15.47

从图 8.13 及表 8.3 中可以看出，x 向位移和 y 向位移随时间步数的增长小幅波动上升，达到 100 步后，趋于稳定。计算表明，50 步时的 x 向位移与 100 步时相差 0.015%。

如图 8.14 所示，特征点附近的不连续面的层间剪切位移随时间步数的增长而波动增长，在 100 步后基本达到稳定状态。

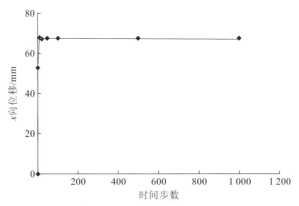

图 8.13　特征点 8 的位移随时间步数的变化图

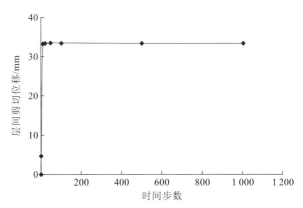

图 8.14　特征点 8 附近不连续面层间剪切位移随时间步数的变化图

表 8.4 和图 8.15 为 σ_x、σ_y、τ_{xy} 随时间步数的变化情况。从中可以看出，在 100 步之后各应力分量各自趋于某一常量，表明此时达到稳定状态。应力重新分布以后，切向应力增加，径向应力减小，由于所选位置特征点 8 在不连续面附近，同时受应力集中的影响，x 向应力由原来的 6 MPa 减小到约 1.7 MPa。

表 8.4　特征点 8 的应力随时间步数的变化表

应力	时间步数							
	3	5	10	20	50	100	500	1 000
x 向应力/MPa	−1.635	−1.617	−1.355	−1.684	−1.702	−1.702	−1.702	−1.702
y 向应力/MPa	−6.327	−6.398	−7.687	−7.905	−7.928	−7.928	−7.928	−7.928
剪应力/MPa	1.174	1.130	0.594	0.627	0.645	0.645	0.645	0.645

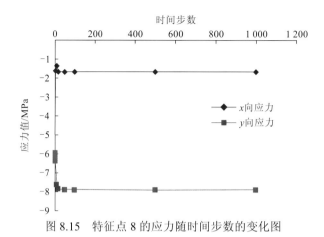

图 8.15　特征点 8 的应力随时间步数的变化图

8.5.2　内摩擦角影响

由表 8.5 和图 8.16 可以看出，特征点 8 处 x 向位移随着内摩擦角的增大而减小，并逐渐趋于稳定。当内摩擦角较小时，位移下降幅度较大；当内摩擦角对应的正切值趋于 1 时，位移逐渐稳定。

表 8.5　特征点 8 的位移随内摩擦角的变化表

位移	内摩擦角					
	0°	5°	20°	35°	89.99°	完全连续
x 向位移/mm	−150.3	−91.2	−67.7	−54.7	−53.8	−53.6

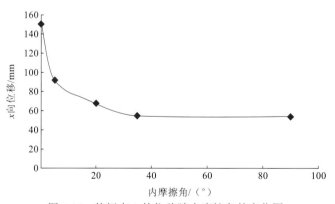

图 8.16　特征点 8 的位移随内摩擦角的变化图

当内摩擦角取 89.99° 时，不连续面间的摩擦力已经很大，故与完全连续情况下的位移较接近，两者相差 0.37%。

从图 8.17 中可以看出，特征点 8 附近不连续面的层间剪切位移随着内摩擦角的增大而减小。开始段，层间剪切位移随内摩擦角的增大而急剧下降，在内摩擦角对应的正切值接近 1 时趋于稳定。当内摩擦角取 89.99° 时，层间剪切位移为 7.8 mm，与完全连续情况的所得值 5.4 mm 已较为接近。

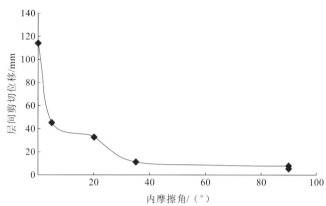

图 8.17 特征点 8 附近层间剪切位移随内摩擦角的变化图

从表 8.6 可见，当内摩擦角取 0° 时，最大层间剪切位移达到 114.5 mm，这种层间剪切位移的突变是以连续介质力学为基础的其他数值分析方法不易实现的，从这点可以看出数值流形方法在处理接触非线性大变形方面的优势。

表 8.6 特征点 8 附近不连续面层间剪切位移随内摩擦角的变化表

位移	内摩擦角					
	0°	5°	20°	35°	89.99°	完全连续
特征点 8 附近不连续面两侧位移/mm	−35.8	−46.0	−35.5	−44.0	−46.0	−48.2
	−150.3	−91.2	−67.7	−54.7	−53.8	−53.6
层间剪切位移/mm	−114.5	−45.2	−32.2	−10.7	−7.8	−5.4

8.5.3 其他参数影响

1）罚弹簧刚度

研究表明，罚弹簧刚度对计算结果和计算的收敛性影响较大。例如，罚弹簧刚度取 100 000 MN/m 时的位移形态与取 30 000 MN/m 时的位移形态有显著差异。罚弹簧刚度取值太小时，嵌入深度变得太大，以致闭合接触不能转移到下一步，材料中的应力可能降低，沿不连续面的变形可能求解错误；罚弹簧刚度取值太大时，联立方程可能接近线性相关或病态，以致解的误差过大，迭代不收敛。

在数值流形方法的原有理论中，通常认为罚弹簧刚度取 20～40 倍的材料弹性模量是合理的。但是原有理论只针对均质体，当不连续面两侧为两种性质相差很大的材料时，可能出现求解奇异现象。对罚弹簧刚度还难以给出一个合理的取值范围，有待进一步研究。目前采用试算法解决该问题。

2）数学覆盖层数

在计算区域内，数学覆盖按 y 向的层数自动剖分网格，与物理网格共同形成流形单元，从而决定了流形单元数量。因此，数学覆盖层数对计算精度有一定的影响，对计算时间有显著影响。

3）超松弛迭代因子

超松弛迭代因子对计算结果中的位移大小和形态有一定的影响。当超松弛迭代因子大于等于 1.4 时，其变化对计算结果影响不大；当超松弛迭代因子小于 1.4 时，其变化对计算结果中的位移大小和形态影响较大。

4）时间步长

时间步长主要在随时间步的迭代过程起作用。在一个时间步内，当接触判断在 6 次内不能同时满足接触条件或不能满足最大位移率的要求时，就要减小时间步长，其目的是增大惯性系数[$M/(\Delta t)^2$，其中 M 为单元的质量，Δt 为时间步长，总体平衡方程系数矩阵的对角线上是与惯性有关的元素]以加速收敛。研究表明，时间步长对迭代的收敛性和计算时间有显著影响。惯性系数起加速收敛的作用，而惯性系数在单元质量一定的情况下，与时间步长的平方成反比。因此，时间步长的小变化，会引起收敛速度的显著改变。通常，时间步长取值为百分之一秒级到十分之一秒级。

[第 9 章]

数值流形方法在坝基稳定分析中的工程应用

9.1 引 言

随着大坝建设规模的日益增大，坝址地质条件复杂性的增加，所遇到的坝基岩体工程方面的问题越来越多。因此，事关大坝安全的坝基抗滑稳定问题显得更为突出和重要。为此，本章将所提出的数值流形方法，应用于三峡水电站左厂坝段坝基岩体的静力抗滑稳定性分析中，针对坝基中存在的缓倾角结构面，研究沿这些缓倾角结构面的坝基深层抗滑稳定性。同时，利用强度折减法进行分析，在保持正常荷载不变的情况下，逐渐降低坝基结构面的抗剪强度，自动计算多裂隙岩体沿结构面的破坏过程，直至坝基整体失稳，获得滑移模式和安全系数。在上述研究的基础上，采用非线性有限元软件 ABAQUS 建立二维弹塑性渗流-应力耦合分析模型，对结构面发育区的坝基岩体采用各向异性渗流等效连续介质进行模拟，对比分析三峡水电站左厂坝段坝基岩体的静力抗滑稳定性。

9.2 重力坝坝基静力抗滑稳定性分析

9.2.1 工程概况

三峡水电站左厂 $1^{\#} \sim 5^{\#}$ 坝段的坝基岩体沿缓倾角结构面的深层抗滑稳定问题是三峡水电站工程的重大关键技术问题之一。左岸厂房坝段为混凝土重力坝，坝顶高程为 185 m，坝顶实体宽 16 m，上游面铅直，下游面坡度为 1∶0.72。建基面最高高程为 90 m。每个坝段长 38.3 m，其中左侧为钢管坝段，右侧为实体坝段，长度分别为 25 m 和 13.3 m。厂房最低建基面高程为 22.2m。

左厂 $1^{\#} \sim 5^{\#}$ 坝段的主要工程地质问题为，大坝沿缓、中倾角断续结构面等组成的潜在滑移面的抗滑稳定性问题，其中，$3^{\#}$ 坝段坝基的断续节理裂隙最为发育，是整个左岸厂房坝段深层抗滑稳定的控制性坝段。为此，选取左厂 $3^{\#}$ 坝段为研究对象，采用数值流形方法对其进行稳定性分析。

9.2.2 地质概化与计算参数

左厂 $1^{\#} \sim 5^{\#}$ 坝段的坝基岩体为闪云斜长花岗岩微新岩体，岩体坚硬、完整，岩性均一，力学强度高。但坝基岩体的缓倾角裂隙相对发育，其中左厂 $3^{\#}$ 坝段的缓倾角裂隙最为发育，对坝基的抗滑稳定不利。为提高大坝的抗滑稳定安全度，适当降低了建基面高程，上游设齿槽；向上游加宽大坝底宽，帷幕排水前移；坝基设地下纵、横排水洞及排水孔幕，疏排坝基地下水；厂房与大坝岩坡紧靠；横缝设置键槽并灌浆，加强左厂 $1^{\#} \sim 5^{\#}$ 坝段的整体作用；大坝与厂房基础设封闭抽排系统；加强固结灌浆；下游边坡采用系统喷锚挂网支护及预应力锚索加固，对左厂 1#~3#坝段基础的深层结构面也采用预应力锚索加固。

以左厂 3#坝段的实体坝段为计算对象，基岩结构面概化如图 9.1 所示。坝体混凝土和坝基岩体、结构面的物理力学参数见表 9.1。本次分析对计算条件进行了简化：只考虑坝体、坝基岩体和厂房高程 51 m 以下自重及上游坝面水压力（设计水位为 175 m），没有考虑泥沙压力、渗透压力、锚索预应力、厂房尾水压力和厂房高程 51 m 以上各种荷载；模拟图 9.1 所示的所有混凝土/岩体胶结面、结构面、f314 和 f316 断层。长大裂隙结构面的连通率按 100%考虑。短小裂隙的连通率为 11.5%，其所在结构面段的力学参数通过折算连通率综合考虑结构面和岩桥的作用。鉴于 f314 和 f316 断层的弹性模量较高、厚度薄，按结构面模拟。

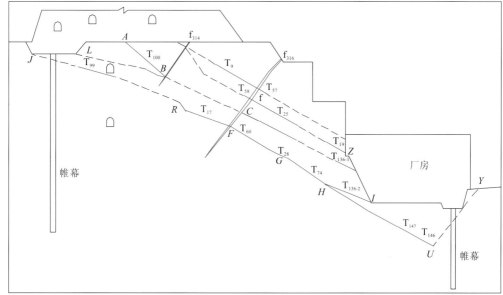

图 9.1 左厂 3#坝段坝基深层抗滑稳定基岩结构面概化图

实线表示长大缓倾角结构面；虚线表示短小裂隙结构面；英文大写字母表征潜在滑移路径；
T_{99} 等表示长大裂隙；f_{314} 等表示断层

表 9.1 大坝和坝基材料的物理力学参数

材料	弹性模量/GPa	泊松比	容重/（kN/m³）	摩擦系数	黏聚力/MPa
岩体	36.6	0.220	27.0	1.70	2.00
坝体混凝土	26.0	0.167	24.5	1.10	3.00
厂房混凝土	22.0	0.167	24.5	1.10	3.00
混凝土/厂房坝基	—	—	—	1.25	1.50
混凝土/坝基	—	—	—	1.10	1.30
长大裂隙结构面	—	—	—	0.70	0.20
短小裂隙结构面	—	—	—	1.58	1.79
断层 f_{314}、f_{316}	10.0	0.280	26.0	0.90	0.80

9.2.3　数值流形方法计算分析

　　岩体按线弹性体考虑，由数值流形方法的计算得知，因厂房基础齿槽下游岩体的阻滑作用，该坝段坝基的稳定安全系数高，大于 4.5。为了探讨滑动通道，参考设计报告不考虑厂房基础齿槽下游岩体的阻滑作用，取如图 9.2 和图 9.3 所示的计算简图，利用强度折减法进行分析，在保持正常荷载不变的情况下，逐渐降低结构面的抗剪强度，直至坝基整体失稳。计算结果表明，强度折减系数为 1.0 时，坝顶水平位移约为 8 mm；强度折减系数为 3.0 时，坝顶水平位移约为 32 mm，虽然位移增大较多，但计算是收敛的；强度折减系数为 3.5 时，坝基失稳，如图 9.4 所示，可见滑移模式为沿坝踵—*JRFGHI*—厂房建基面产生深层滑动。因此，在本次分析所取计算条件下，稳定安全系数为 3.0～3.5，低于设计假定的如图 9.5 所示的 106.60 m 高程—*ABCFI*—厂房建基面的滑移模式。在设计扬压力工况下，按刚体极限平衡法计算得到的稳定安全系数为 4.10。产生差异的原因包括：①设计假定的滑移模式与计算所得滑移模式不同；②数值流形方法没有考虑扬压力、下游尾水压力、锚索预应力和厂房高程 51 m 以上各种荷载等有利荷载。从本算例可见，数值流形方法可以自动计算多裂隙岩体沿结构面的破坏过程并获得滑移模式。

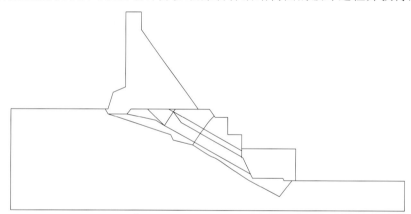

图 9.2　左厂 3#坝段坝体、厂房与坝基结构面的计算简图

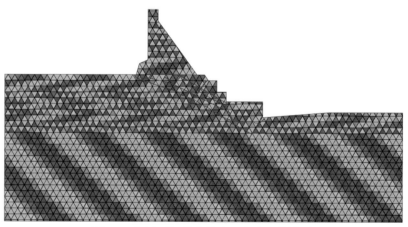

图 9.3　左厂 3#坝段数值流形方法计算模型

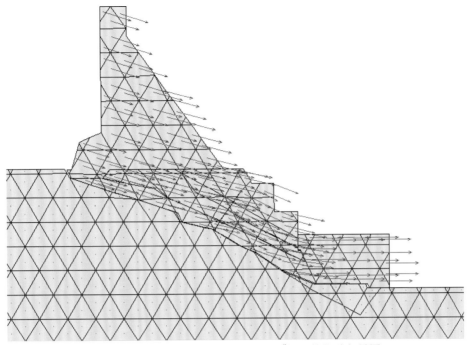

图 9.4 强度折减系数为 3.5 时左厂 3# 坝段的位移矢量图

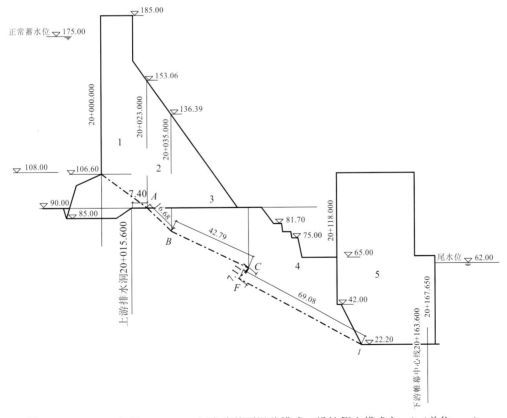

图 9.5 106.60 m 高程—*ABCFI*—厂房建基面滑移模式（设计假定模式之一）（单位：m）

9.2.4　有限元计算对比分析

1. 计算模型

根据左厂 3#坝段坝基的地质条件,采用非线性有限元软件 ABAQUS 建立二维弹塑性渗流-应力耦合分析模型,对结构面发育区的坝基岩体采用各向异性渗流等效连续介质进行模拟。计算域内分别模拟了 3#坝段确定性长大结构面与短小裂隙可能构成的滑移路径、f_{314} 和 f_{316} 断层等岩体结构面。

计算模型中考虑了上游防渗帷幕和下游封闭帷幕。上、下游帷幕厚度均取 2 m,按实体单元处理;同时,通过在排水洞施加流量边界条件的方式,模拟了大坝和坝基内抽排系统(大坝 91 m 高程的灌浆廊道,95 m 高程上、下游排水洞;基岩中 74 m 高程的 1#排水洞,50 m 高程、25 m 高程的 2#排水洞)的抽排作用,根据实际的测压管水头和渗漏量监测结果,使坝基岩体相应高程以上处于疏干状态。采用各向异性渗透张量考虑岩体中裂隙发育的优势方向对岩体渗流性的影响。

厂房重量 51 m 高程以下按实体考虑,51 m 高程以上按均布力 331 kN/m² 考虑。坝前泥沙淤积高程达 108 m,泥沙浮容重取 5.0 kN/m³,其荷载在进行预测分析时施加。水库上游正常蓄水位为 175 m,下游水位为 62 m。计算模拟了 3 000 kN 级的预应力锚索对下游边坡岩体与结构面的加固作用。

计算模型如图 9.6 所示。模型 x 轴与坝轴线垂直,以指向下游为正,大坝坝踵位置处 $x=0$;y 轴为铅直方向,向上为正。沿 x 轴的计算范围为 600 m,y 轴的计算范围为从 90 m 高程的建基面至深部高程-120 m。岩体的本构模型采用 Drucker-Prager 准则,计算所用的材料参数见表 9.1。

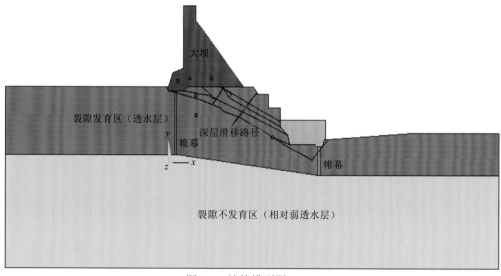

图 9.6　计算模型图

2. 安全评价

在二维弹塑性渗流-应力耦合分析模型的基础上,采用降低岩体强度参数的方法对坝基的破坏过程进行模拟。强度折减法就是在保持正常荷载不变的情况下逐渐降低材料的强度,直至系统处于临界失稳状态,强度降低的倍数即强度折减系数。本节将抗剪强度中摩擦系数、黏聚力的值从材料实际强度起,连续降低到坝基整体失稳。通过对大型非线性有限元软件 ABAQUS 的二次开发,不断降低岩体、长大缓倾角结构面、岩桥的抗剪断强度参数,研究坝基的渐进失稳过程,利用反演结果对蓄水到 175 m 高程后大坝及坝基的稳定进行评价。综合分析各特征部位位移的发展变化规律和坝基岩体塑性破坏的渐进过程,可以认为 3# 坝段在蓄水至 175 m 高程后大坝坝基的强度折减系数为 3.7,见图 9.7 和图 9.8,极限状态下的大坝位移见图 9.9。

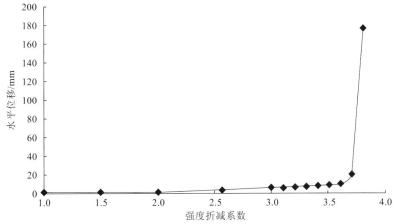

图 9.7 坝踵水平位移与强度折减系数的关系曲线

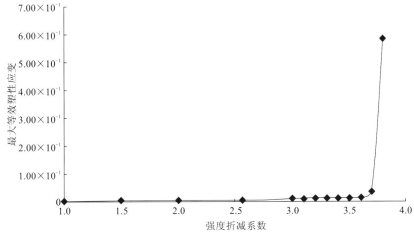

图 9.8 坝基岩体最大等效塑性应变与强度折减系数的关系曲线

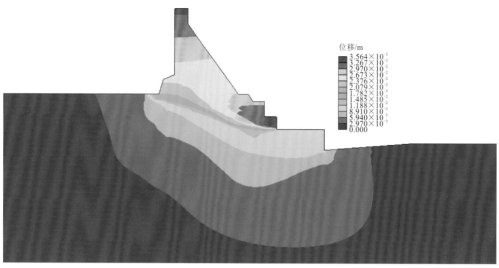

位移/m
3.564×10⁻²
3.267×10⁻²
2.970×10⁻²
2.673×10⁻²
2.376×10⁻²
2.079×10⁻²
1.782×10⁻²
1.485×10⁻²
1.188×10⁻²
8.910×10⁻³
5.940×10⁻³
2.970×10⁻³
0.000

图 9.9　大坝及坝基水平位移等色区图（强度折减系数为 3.7）

第 10 章

数值流形方法在边坡稳定分析中的工程应用

10.1　引　　言

在我国西南地区金沙江、雅砻江、雅鲁藏布江等流域的水电开发中，已建、正在兴建或待建的一大批大型或特大型水电工程，如白鹤滩水电站、乌东德水电站、锦屏一级水电站、锦屏二级水电站、两河口水电站等，均分布在崇山峻岭、深山峡谷之中。受地形地貌、地质构造和气候条件等因素的影响，这些水电工程均存在着复杂的工程高边坡问题。这类高边坡陡峭，坡角一般超过 45°，大多为 70°～90°；工程边坡高，可达 300～600 m；边坡的地质条件复杂，断层节理发育。为此，本章将所提出的数值流形方法应用于雅砻江锦屏一级水电站大奔流沟料场陡倾顺层高边坡稳定性分析中，提出基于数值流形方法的层状边坡强度折减法，分析同步强度折减法和异步强度折减法在陡倾顺层高边坡稳定性分析中的差异，获得在两种强度折减法情况下陡倾顺层高边坡稳定性的演化规律及其变形破坏模式，探讨破坏路径和安全系数的变化特征。在上述研究的基础上，采用快速拉格朗日数值分析软件 FLAC3D 对大奔流沟料场边坡进行开挖数值模拟与稳定性研究，对比不同数值分析方法的计算结果。

10.2　基于数值流形方法的层状边坡强度折减法

传统的极限平衡法是目前工程界进行边坡稳定性分析的首选方法，其安全系数的概念简单，物理意义明确，得到了广泛的认可。而单纯的数值分析方法并不能直接给出安全系数，因此数值分析的成果需要与安全系数联系起来才能方便地在实际工程中使用。Zienkiewicz 等[120]于 1975 年首次提出了抗剪强度折减系数的概念，由此确定的强度折减系数和 Bishop 在极限平衡法中所给的安全系数在概念上是一致的；郑颖人等[121]验证了有限元强度折减法在工程应用中的可行性。

极限平衡法中最重要的概念是安全系数，而目前最被工程师所接受的是基于强度储备概念的安全系数的定义。基于强度储备概念的安全系数 f_s 的定义如下：当材料的抗剪强度参数 c 和 φ 分别用其临界抗剪强度参数 c_c 和 φ_c 代替后，结构将处于临界平衡状态，其中

$$\begin{cases} c_c = c / f_s \\ \tan \varphi_c = (\tan \varphi) / f_s \end{cases} \qquad (10.1)$$

相对于极限平衡法，采用数值分析中的强度折减法计算边坡的安全系数具有以下优点：①满足力的平衡条件且考虑了岩土体的变形及其本构特性，克服了极限平衡法中将岩土体视为刚体的缺点；②能模拟边坡的施工过程，可适用于任意复杂的边界条件，实现对各种复杂介质和地质结构边坡的分析；③能够动态模拟边坡的失稳过程，并且可以搜索滑移路径或失稳区域，无须事先假定滑移面的形状；④通过研究边坡的渐进破坏过

程，了解支护结构的内力分布及其与岩土体的相互作用机理。

数值流形方法程序中，通过强度折减法来获得边坡的安全系数，其基本原理是将坡体内结构面的抗剪强度参数 c、$\tan\varphi$ 除以一个折减系数 RF，得到一组新的抗剪强度参数 c'、$\tan\varphi'$，然后将它们作为新的材料参数进行试算，通过不断地增加折减系数 RF，反复进行计算分析，直至系统达到临界失稳状态（不平衡力比率无法收敛于某一设定的小值），此时的折减系数即安全系数 K。

该方法充分利用数值流形方法动态松弛解法的优势，在动态松弛求解过程中不断折减岩体结构面的抗剪强度 c、$\tan\varphi$，在此过程中，保证在一定时间步内收敛后才进行下一个折减过程，使得岩体不断弱化，产生变形甚至破坏，进而得到边坡的强度折减系数。该方法可以对 c、$\tan\varphi$ 进行同步折减，也可以考虑 c 降低快速的特点进行异步折减。事实上，边坡发生滑动时，其滑面土体的 c、$\tan\varphi$ 所起的作用不同；同时，它们发挥作用的顺序及程度也不同；另外，边坡发生滑动时，c、$\tan\varphi$ 也产生衰减，衰减的程度与速度也不同。因此，c、$\tan\varphi$ 各自的安全储备也应不同。在边坡的稳定分析中，为了更准确地反映 c、$\tan\varphi$ 各自的安全储备，考虑采用不同的折减系数，进而得到不同的安全系数是非常必要的。

采用强度折减法得到的边坡安全系数，在一定程度上依赖于所采用的失稳判别标准。对于边坡临界失稳状态的定义，目前尚无统一的标准，较为常用的临界失稳状态判别准则（也称为极限状态准则）有收敛性准则、特征点位移突变准则等。根据某边坡地质结构及潜在破坏模式的特点，本书采用收敛性准则和特征点位移突变准则（某一结构面的特征点）来验证该方法进行边坡稳定分析的可行性。

10.3 基于数值流形方法的层状边坡分析

10.3.1 计算模型

计算选取了北西正面坡的剖面，边坡走向与岩层走向大致平行。计算域内模拟了大理岩、薄层砂板岩、中厚层砂岩[包括 $T_{2-3}z^2$、$T_{2-3}z^{3(1-1)}$、$T_{2-3}z^{3(1-2)}$、$T_{2-3}z^{3(1-3)}$、$T_{2-3}z^{3(1-4)}$、$T_{2-3}z^{3(1-5)}$、$T_{2-3}z^{3(1-6)}$、$T_{2-3}z^{3(1-7)}$]等岩层，层间错动带和断层等。其中，边坡的岩层由软硬相间的岩体组成。软岩由于岩性软弱，强度低，对边坡的开挖和稳定十分不利。对边坡进行了适当的地质概化，将岩体分层，层间错动带及裂隙概化为不连续面，见图 10.1。

y 轴方向以边坡 1 600 m 高程为起始点，则计算域的范围为 620 m×800 m。其中，x 轴与边坡底边重合，向右为正；y 轴为铅直方向，向上为正。计算域左边和下边加上固定点约束，边坡的物理网格如图 10.2 所示，分析时所形成的流形单元共有 748 个，物理覆盖共有 518 个。罚弹簧刚度取 4 560 MN/m，计算时间步长取 0.02 s，共计算了 2 000 步。超松弛迭代因子取 1.4，最大位移率为 0.000 1。

层间错动带g301

$T_{2-3}z^{3(1-1)}$

$T_{2-3}z^{3(1-2)}$

$T_{2-3}z^{3(1-3)}$

$T_{2-3}z^{3(1-4)}$

大理岩$T_{2-3}z^2$

断层

$T_{2-3}z^{3(1-5)}$

$T_{2-3}z^{3(1-6)}$

1

2

3

$T_{2-3}z^{3(1-7)}$

图 10.1　地质概化图

图 10.2　计算模型

10.3.2 基于数值流形方法的层状岩体边坡稳定性分析

1. 同步强度折减

通过对边坡中所有结构面的抗剪强度参数进行折减，来分析边坡的稳定性。分析时所形成的流形单元共有 757 个，物理覆盖共有 532 个。

每 100 步进行一次强度折减（黏聚力 c 和内摩擦角 φ），折减系数增量为 0.05。计算时间步长取 0.02 s，共计算了 3 000 步。其中，前 2 000 步只有自重作用以模拟重力场，后面的 1 000 步用强度折减法模拟边坡强度折减后的稳定情况。超松弛迭代因子取 1.4，最大位移率为 0.000 1。

根据获得的岩体力学参数，选取 2 045 m、1 955 m、1 910 m、1 880 m 高程监测特征点位移，分析边坡的强度折减系数。图 10.3 给出了折减系数与不同高程的 x 向、y 向位移的关系。从图 10.3 中可以看出，对于不同的高程，当折减系数为 1.20 时，边坡 x 向、y 向位移都是急剧增大的，根据特征点位移突变准则，该边坡的安全系数应该都取为 1.15。当折减系数为 1.20 时，认为该边坡已经破坏。求得的安全系数为 1.15（程序运行到 2 300 步）时，每 100 步折减一次，折减系数增量为 0.05，从 2 200 步（折减系数为 1.1）到 2 400 步（折减系数为 1.2）的某步边坡有可能达到临界破坏的模式，那么折减系数就有可能在 1.1 和 1.2 之间。从图 10.4 中可以明显看出强度折减所起的作用，在强度折减下，根据宏观定性分析，层状岩质边坡产生滑移破坏大致经历了如下过程：随着边坡岩体抗剪强度的弱化，在重力的驱动下，边坡潜在破坏面上部岩体顺层间错动带 g301 滑移。由于潜在破坏面顺着边坡，在强度折减下，层间的抗剪强度参数逐渐变小，层间的阻力和潜在破坏面间的阻力就不足以平衡重力，这样在持续重力作用下就会使潜在破坏面和层间错动带 g301 之间的岩石块体开始下滑，并且各个错动带之间的岩石块体顺着潜在破坏面和层间错动带下滑，于是边坡整体失稳。

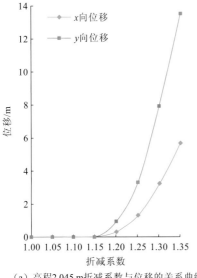

（a）高程 2 045 m 折减系数与位移的关系曲线

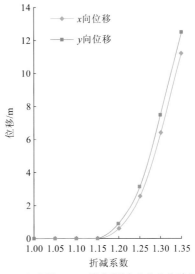

（b）高程 1 955 m 折减系数与位移的关系曲线

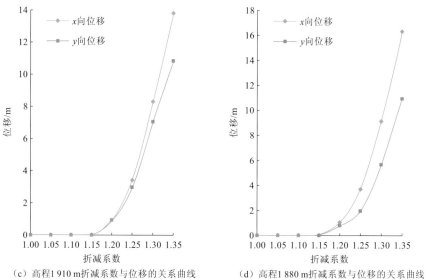

（c）高程1 910 m折减系数与位移的关系曲线　　（d）高程1 880 m折减系数与位移的关系曲线

图 10.3　同步强度折减时折减系数与位移的关系曲线

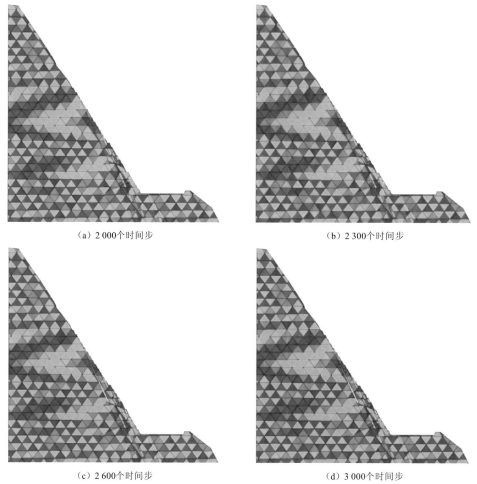

（a）2 000个时间步　　　　　　　　　　　　　（b）2 300个时间步

（c）2 600个时间步　　　　　　　　　　　　　（d）3 000个时间步

图 10.4　边坡随强度折减的渐进破坏过程

2. 异步强度折减

在边坡滑动时,滑动面上的摩阻力和黏聚力同时发挥作用,两者也有一定的衰减,只是它们发挥作用的程度不同,衰减的速度和程度也不同而已,所以在边坡的稳定分析中,为了更准确地反映 c、$\tan\varphi$ 各自的安全储备,考虑采用不同的折减系数,进而得到不同的安全系数是非常必要的。对边坡中潜在破坏面和层间错动带 g301 的抗剪强度参数进行异步折减。分析时所形成的流形单元共有 757 个,物理覆盖共有 532 个。

每 100 步进行一次强度折减(黏聚力 c 和内摩擦角 φ),黏聚力 c 的折减系数增量为 0.1,内摩擦角 φ 的折减系数增量为 0.05。计算时间步长取 0.02 s,共计算了 3 000 步。其中,前 2 000 步只有自重作用以模拟重力场,后面的 1 000 步用强度折减法模拟边坡强度折减后的稳定情况。超松弛迭代因子取 1.4,最大位移率为 0.000 1。

根据获得的岩体力学参数,同样选取 2 045 m、1 955 m、1 910 m、1 880 m 高程监测特征点位移,分析边坡的强度折减系数。图 10.5 给出了折减系数与不同高程的 x 向、y 向位移的关系。因为黏聚力 c 和内摩擦角 φ 每次进行折减的折减系数增量不同(黏聚力 c 和内摩擦角 φ 的折减系数增量的比例为 2),所以边坡的安全系数就用黏聚力 c 和内摩擦角 φ 的折减系数的平均值表示。从图 10.5 中可以看出,对于不同的高程,当折减系数为 1.300 时,边坡 x 向、y 向位移都是急剧增大的,根据特征点位移突变准则,该边坡的安全系数应该都取为 1.225。当折减系数为 1.300 时,认为该边坡已经破坏。

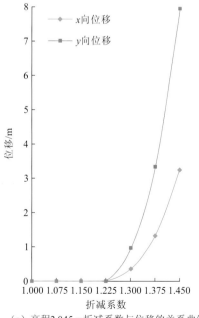
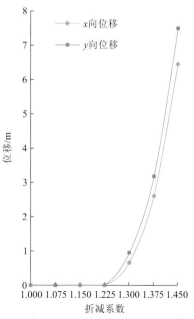

(a) 高程 2 045 m 折减系数与位移的关系曲线　　　　(b) 高程 1 955 m 折减系数与位移的关系曲线

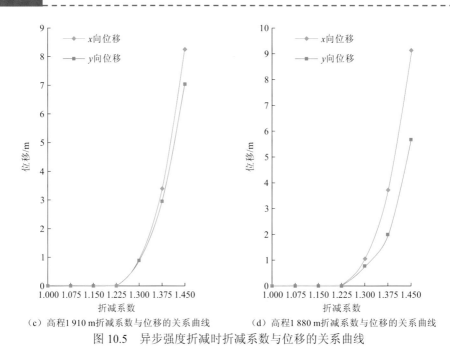

（c）高程1 910 m折减系数与位移的关系曲线　　（d）高程1 880 m折减系数与位移的关系曲线

图 10.5　异步强度折减时折减系数与位移的关系曲线

10.4　边坡数值对比分析

10.4.1　边坡稳定分析计算原理

采用国际上通用的岩土工程数值分析软件FLAC3D对大奔流沟料场边坡进行开挖数值模拟与稳定性研究。为了对不同软件和数值分析方法的结果进行对比，在进行边坡失稳模式分析与安全系数计算时，还采用有限元软件 ABAQUS 进行了计算分析。

FLAC3D 是由美国 ITASCA 公司开发的三维快速拉格朗日分析程序。该程序采用显式有限差分格式求解场的控制微分方程，不需要形成刚度矩阵，也不需要通过迭代满足本构关系，仅需通过本构关系由应变计算应力。其主要特点如下：①对三维介质离散，使所有外力与内力集中于三维网格结点上，进而将连续介质的运动定律转化为离散结点上的牛顿定律；②时间与空间的导数采用沿有限空间与时间间隔线性变化的有限差分来近似；③将静力问题当作动力问题来求解，运动方程中的惯性项用来作为达到所求静力平衡的一种手段。

FLAC3D 将一个实际的地质体或结构物划分为若干个单元，单元之间用结点相互连接，每个单元在给定的边界条件下遵循指定的线性或非线性本构关系。由于从应变计算应力的过程中无须进行反复迭代，这比通常用于有限元程序中的隐式算法有着明显的优越性。对于病态系统——高度非线性问题、大变形、物理系统不稳定等，显式算法要有效得多。因此，其非常适合模拟岩土介质的非线性力学行为。

采用强度折减法得到的边坡安全系数，在一定程度上依赖于所采用的失稳判别标准。对于边坡临界失稳状态的定义，目前尚无统一的标准，较为常用的临界失稳状态判别准则（也称为极限状态准则）有收敛性准则、塑性区贯通准则、特征点位移突变准则、广义剪应变或广义塑性应变准则等。根据大奔流沟料场边坡地质结构及潜在破坏模式的特点，本次分析综合采用收敛性准则和特征点位移突变准则来确定边坡的安全系数。

10.4.2 边坡安全评价

根据地质资料和岩体力学参数，采用强度折减法分析边坡的安全系数，得到边坡各开挖高程的安全系数（表10.1），以及边坡变形的分布规律（图10.6、图10.7）。推荐进行分高程安全系数计算，选取的开挖高程为 1 910 m、1 865 m、1 835 m、1 805 m、1 760 m、1 730 m。边坡安全系数具有如下特征。

表 10.1　边坡安全系数

开挖高程/m	正常工况	短暂工况	偶然工况
1 910	1.86	1.67	1.55
1 865	1.58	1.45	1.40
1 835	1.52	1.33	1.30
1 805	1.38	1.28	1.24
1 760	1.34	1.21	1.19
1 730	1.29	1.18	1.15

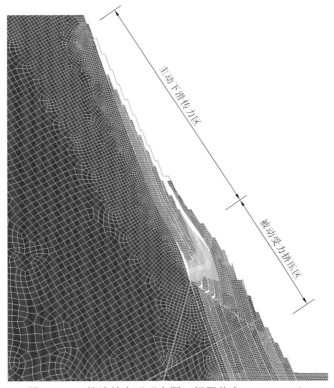

图 10.6　开挖边坡变形形态图（极限状态，FLAC3D）

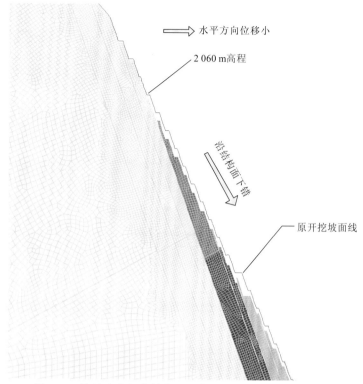

图 10.7　边坡中上部岩体变形形态图（极限状态，FLAC3D）

（1）边坡安全系数随开挖深度的增大而逐渐降低。

（2）边坡开挖完成后正常工况对应的安全系数为 1.29（开挖至 1 730 m 高程）；短暂工况对应的安全系数为 1.18；偶然工况对应的安全系数为 1.15。

第 11 章

DDA 方法在滑坡稳定分析中的应用

11.1 引　　言

DDA 方法是石根华博士在 1989 年提出来的。作为数值流形方法的一种特殊形式，DDA 方法适用于非连续介质如节理岩体的应力分析，特别适合进行破坏后的运动学模拟。该方法采用幂级数多项式位移函数来模拟岩石块体的变形，以多项式系数为基本未知量，利用变分原理建立整体平衡方程，在求解过程中严格满足块体间无张拉、无嵌入的接触条件。DDA 方法不仅允许块体本身变形，还允许块体间有滑动、转动、张开等运动形式，非常适合分析系统中非连续大变形的情况，能够进行岩石工程滑坡、洞室稳定性与大变形计算分析，具有广阔的应用前景。其主要理论要点如下：①块体系统中，块体单元为可变形体，可以为任意的凸形或凹形形状；②块体系统变形和运动时，块体间可以是不连续的，接触满足相互不嵌入和无张拉条件，在接触面上的滑动满足莫尔-库仑强度准则；③以块体变形（块体位移与应变）为变量，在每一加载增量或时间增量上，根据系统总势能最小建立平衡方程组，并求解平衡方程组；④在建立平衡方程时，除在系数矩阵中有弹性子矩阵和各类荷载子矩阵外，惯性力子矩阵的引入，使得各时步中的速度和惯性具有继承性。引入惯性力后，可用于分析块体系统的动力学问题，且时间变量为真实的时间变量。

11.2　基于 DDA 方法的滑坡机理研究

11.2.1　滑坡数值分析模型

根据地质部门提供的滑坡平面图，选取 1—1 剖面进行分析，地质剖面如图 11.1 所示，岩性为三叠系大冶组（T_1d）薄层灰岩，以及第四系（Q^{del}、Q^{col+dl}）。以滑坡滑动前地形地貌、滑动后堆积形态及滑入水中情况为目标，利用 DDA 方法探讨库区滑坡在水库蓄水条件下，逐步发展变形、破坏的过程，反演和全景复原滑坡各个部位的启动、加速直至停止的全过程，分析速度、位移和受力变化，揭示滑坡滑动原因和机理，为滑坡科学防治提供新的手段。

根据滑坡地质剖面图及滑坡体的岩体结构特征，划分 DDA 计算模型，如图 11.2 所示。块体系统中，块体单元总数为 524 个。单元划分考虑的主要因素是，滑体基岩出露得很清楚，该基岩面为滑体底滑面。为此，将基岩面以下部分划分为一个块体单元。为分析计算结果，在模型中布置了 6 个测量点，如图 11.2 所示。

根据地质部门提供的地质调查报告及分析（"同一参数下，塌滑体的稳定性与工况的灵敏度变化不明显"），初步认为库水浸泡对滑带的强度有降低作用。

基于以上认识，通过降低滑坡滑带部位的力学参数和对水下岩土体取浮容重的方式模拟库水上升对滑坡稳定的影响。

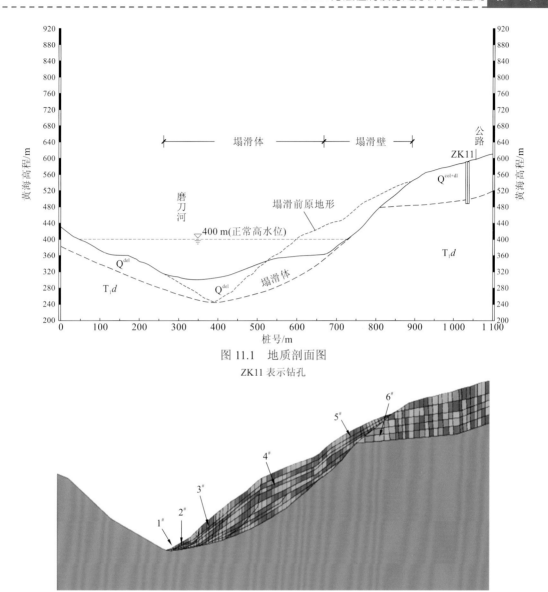

图 11.1 地质剖面图

ZK11 表示钻孔

图 11.2 DDA 计算模型

滑坡计算参数根据室内试验、现场地质调查、参数反分析综合确定，见表 11.1。计算采用的时间步长为 0.005 s。

表 11.1 计算参数表

材料	变形模量/GPa	黏聚力/MPa	内摩擦角/（°）	容重/（kN/m³）
基岩 T_1d	3.5	0.5～1.0	30～40	26.5
滑体	0.15	0.15～0.5	17～25	22
滑带（水下）	0.15	0.01～0.02	5～15	
滑带（水上）	0.15	0.03～0.05	10～20	

11.2.2　滑坡启动机制

对于一个潜在的滑坡体，判断其是否发生滑坡，最直接的标准是：在某种荷载条件下，潜在滑坡体中存在一个明确的滑面，滑面以上的部分应发生整体滑移破坏，也就是说，滑移体上的任何部分都应有位移和滑移速度。在DDA计算模型中，如果在滑移体上、中、下等控制部位布置监测点，滑移体发生滑移破坏时，在同一时刻，这些点所在部位块体的位移和速度都应该发生显著的变化。在滑移体上选择了6个控制部位，见图11.2中的$1^{\#}\sim 6^{\#}$。根据计算过程中这些部位的位移和滑移速度是否都发生显著的增长来判断是否发生滑坡。

由位移、速度随时间的变化图11.3和图11.4及滑坡动态演示过程可以看出，滑坡开始滑动的很长时间处于蠕滑阶段，这个阶段滑坡前缘稍有变形，滑坡坡角挤压变形严重，压应力集中，上部点位移和速度较小，后缘有少量裂缝出现；经过较长时间的能量累积和速度波动，滑坡突然加速，滑坡位移急剧增大，位移和速度均达到相当大的量值，滑

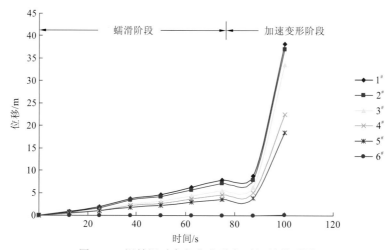

图 11.3　滑坡滑动各部位位移与时间的关系图

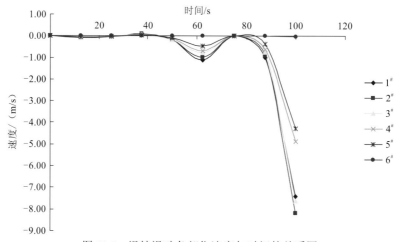

图 11.4　滑坡滑动各部位速度与时间的关系图

坡前缘及上部变形显著，后缘滑体坐落。滑坡的启动速度和位移均表明，滑坡启动始于前缘点，前缘点的变形速度始终大于中间及后缘部位，滑坡前缘发生位移突变后，后续块体失去了支撑坡角，陆续发生大的变形，引起整体滑坡。因此，木竹坪滑坡为蓄水使前缘滑坡体滑面的力学参数降低（即"泡坡角"）引起的牵引式滑坡。

11.2.3 滑坡过程特征

木竹坪塌滑区从轻微变形到最终解体失稳有一个较明显的"蠕滑—加速变形—减速停止"的历时过程。滑坡滑动的全过程大致分为以下几个阶段：①蠕滑阶段，受蓄水的影响，滑坡前部滑体及滑带参数明显降低，滑坡缓慢蠕动，前缘积压严重，中后部应力和变形随前缘部位的变化不断调整，能量不断聚集。②加速变形阶段，滑坡变形发展到一定阶段，滑坡的下滑力超过阻滑部分的力，滑坡前缘产生较大的加速度，滑坡速度明显变大，滑坡位移出现飞跃性增长，前缘带动中后缘部位，滑坡中后部出现多处大的裂缝，裂缝继续延伸、扩展并加剧，后缘坐落，山体迅速变矮，滑体迅速冲向河床和对岸，伴有涌浪，堵塞河道，形成堰塞湖。③减速停止阶段，随着滑体的下滑，滑坡受到的对岸岩体的阻挡和摩擦作用加大，加之滑体反压作用，滑体的速度减小，位移趋于稳定，滑动停止。滑坡运动过程中的形态和应力见图 11.5 和图 11.6。

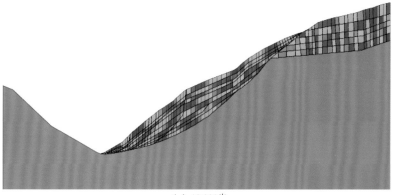

（a）10 000 步

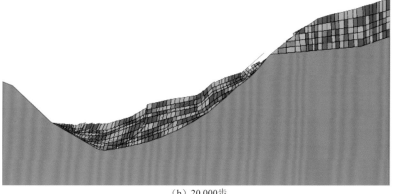

（b）20 000 步

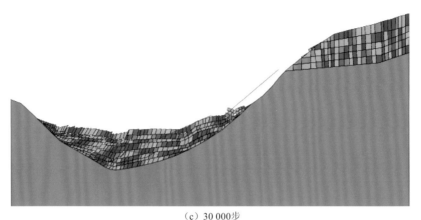

（c）30 000步

图 11.5　滑坡运动过程形态图

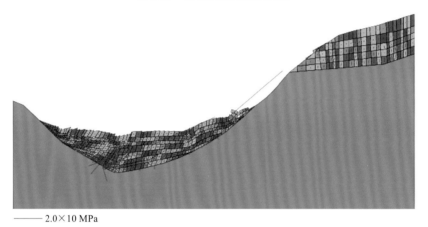

—— 2.0×10 MPa

图 11.6　滑坡运动过程应力矢量图

从图 11.7 可以看出，滑坡滑动经历"蠕滑—加速—稳定"三个阶段，最大滑动距离达到 180 多米，滑坡持续时间为 150 s；从图 11.8 可以看出，滑坡滑带经历了三次速度

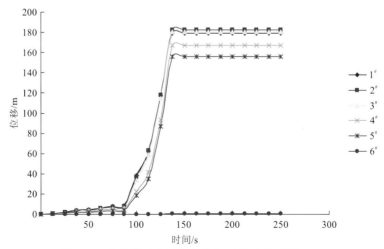

图 11.7　滑坡滑动全过程位移与时间的关系图

波动，即滑动"加速—速度峰值—减速"过程，而且速度峰值越来越大，最大滑动速度达到了 10.9 m/s，从滑坡体各部位的速度变化较一致可以判断滑坡启动后，不断经历能量累积—滑动—受阻—能量再累积—滑动—再受阻，直至稳定的过程，这也符合自然界滑坡形成过程的规律。计算得到的滑坡滑距、速度与实际情况具有较好的可比性。

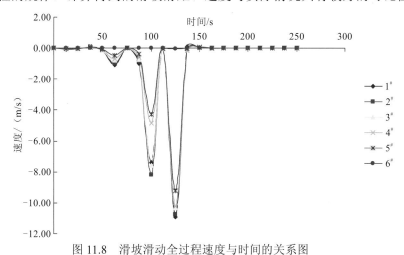

图 11.8　滑坡滑动全过程速度与时间的关系图

11.2.4　"溶洞塌陷诱发滑坡"假说的初步模拟

根据清江流域灰岩地层溶蚀现象较为普遍的特点，考虑到木竹坪滑坡的岩性为灰岩，滑坡前缘常年在河水涨落条件下，地下水循环较为强烈，提出木竹坪滑坡区前缘下部可能由于灰岩溶蚀形成了大的溶腔、溶槽。当水库蓄水至某个高程时，岩溶溶洞的顶板不能承受外加的水压力，致使岩溶顶板断裂，滑坡前缘坠入大的溶洞内，滑坡中后部位失去了前部的支撑，加之水库蓄水使滑坡体的力学参数降低，随着滑坡前缘的坠落，滑坡开始启动。

基于以上考虑，建立了 DDA 数值分析模型，探讨"溶洞塌陷诱发滑坡"的合理性。建立的 DDA 数值分析模型如图 11.9 所示，计算参数及其他计算条件同 11.2.1 小节。

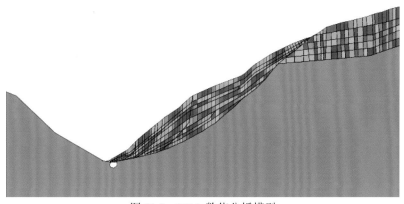

图 11.9　DDA 数值分析模型

　　通过计算模拟了蓄水诱发岩溶顶板断裂，继而诱发滑坡的过程，见图 11.10。从图 11.10 中可以看出，蓄水使岩溶顶板断裂、塌陷，滑坡前缘坠落并填塞溶洞，后续滑体陆续进入溶洞，待溶洞填满后，滑坡体掠过溶洞部位继续滑动，滑坡中部出现了大裂缝，滑体后部出现了大量裂缝（图 11.10 和图 11.11）。图 11.12 给出了溶洞塌陷滑坡位移与时间的关系曲线，从曲线可以看出，滑坡属于前缘溶洞诱发的牵引型滑坡。

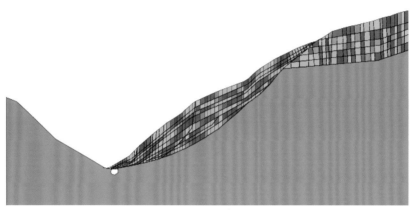

（a）4 000步

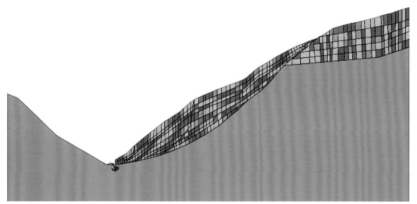

（b）6 000步

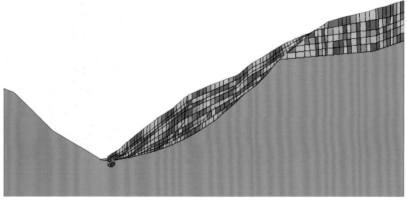

（c）10 000步

图 11.10　溶洞位于前缘时诱发滑坡的过程

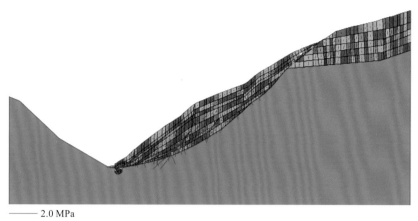

—— 2.0 MPa

图 11.11　溶洞位于前缘时滑坡启动中的主应力矢量图

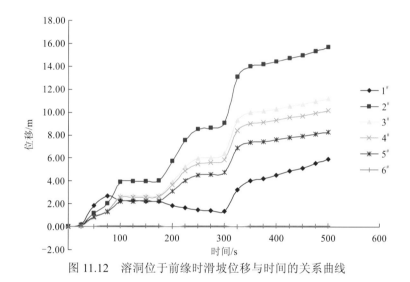

图 11.12　溶洞位于前缘时滑坡位移与时间的关系曲线

　　从以上模拟可以看出，溶洞顶板塌陷诱发滑坡是完全有可能的，其可以看成牵引型滑坡的诱发因素。

11.2.5　溶洞不同位置对滑坡启动机制的影响

　　本小节旨在探讨滑坡下覆溶洞位于不同部位对滑坡启动、发展的影响。

1. 中前部

　　计算模型见图 11.13，溶洞位于滑坡中前部。

　　图 11.14～图 11.16 分别为溶洞位于滑坡中前部工况下，滑坡滑动过程图、应力矢量图和水平位移与时间的关系曲线。从图 11.14 和滑坡启动动态演示可以看出，蓄水后由

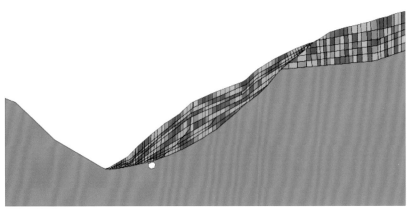

图 11.13　溶洞位于滑坡中前部时的计算模型

于水压力和水的弱化作用，岩溶顶板断裂、脱离，继而引起滑带附近岩土体的陆续坠落；同时，由于蓄水，滑带和滑体的力学参数降低，孔隙水压力增加，有效应力减小，滑坡在中前缘滑带部位塌陷，后部土体失去部分约束的支撑作用，滑坡中前部启动。

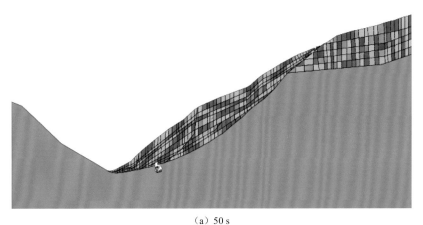

（a）50 s

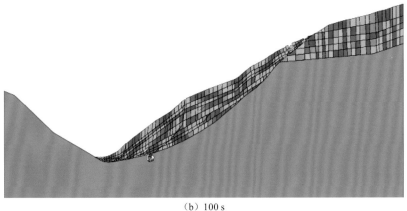

（b）100 s

图 11.14　溶洞位于滑坡中前部时诱发滑坡的过程

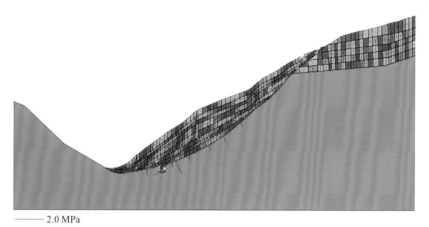

—— 2.0 MPa

图 11.15 溶洞位于滑坡中前部时滑坡启动中的主应力矢量图

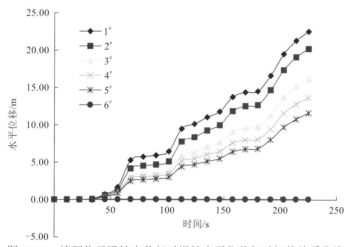

图 11.16 溶洞位于滑坡中前部时滑坡水平位移与时间的关系曲线

2. 中后部

计算模型见图 11.17，溶洞位于滑坡中后部。

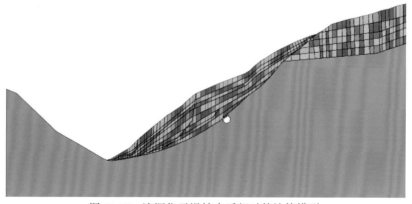

图 11.17 溶洞位于滑坡中后部时的计算模型

图 11.18～图 11.20 分别为溶洞位于滑坡中后部工况下，滑坡滑动过程图、应力矢量图和水平位移与时间的关系曲线。从图 11.18 和图 11.19 及滑坡启动动态演示可以看出，蓄水后由于水压力和水的弱化作用，岩溶顶板断裂、脱离、坠落；滑坡滑带受到弱化，同时前部滑带、滑体的力学特性在水浸入后软化，滑坡体失去平衡状态，开始启动。

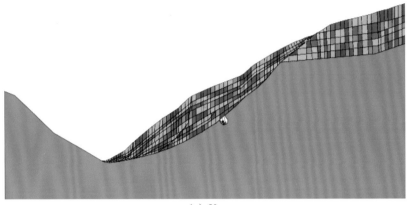

（a）50 s

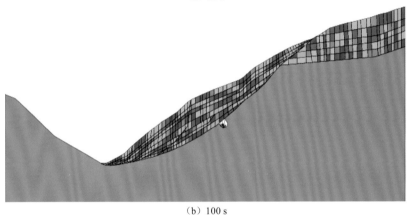

（b）100 s

图 11.18　溶洞位于滑坡中后部时诱发滑坡的过程

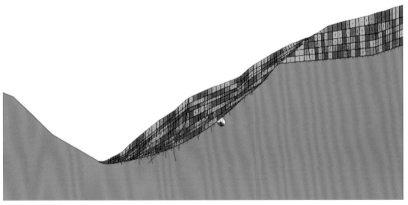

———— 2.0 MPa

图 11.19　溶洞位于滑坡中后部时滑坡启动中的主应力矢量图

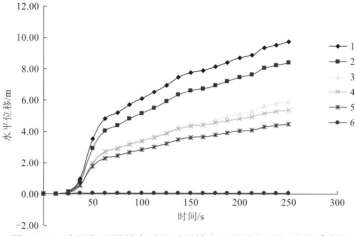

图 11.20　溶洞位于滑坡中后部时滑坡水平位移与时间的关系曲线

但是通过对比滑坡的滑带和滑坡监测点位移与时间的关系曲线可以看出，在溶洞位于滑坡中前部的情况下，在相同时间内滑带速度和位移要明显大于其他部位，结合滑坡坡度地形情况不难看出（同时参照 ABAQUS 计算结果中的剪应力云图），滑坡的中前部位受到的剪切作用最强烈，是主要的阻滑部位，它的存在起到了"中流砥柱"的作用，如果该部位受到弱化或者失去部分约束条件，会大大削弱滑坡的阻滑力，加大发生滑坡的危险性。

11.3　DDA 方法在滑坡涌浪分析中的应用

北泥儿湾滑坡位于长江支流吒溪河左岸秭归县水田坝乡的泥儿湾，与水田坝乡人民政府所在地隔江相望，滑坡下距河口约 11 km，吒溪河河口下距三峡大坝约 39.7 km。滑坡事件发生于 2008 年 11 月 5 日，11 月 8 日变形加剧，滑坡后缘的垂直位移量达 6.9 m，变形仍在发展中。该滑坡所在岸坡的下游沟槽部位原发育有一规模约为 $3 \times 10^5 \, \mathrm{m}^3$ 的堆积体滑坡，滑坡后缘高程为 250 m 左右，前缘已坐落于吒溪河河床上，且总体地形平缓，稳定状况较好；新滑坡紧邻前述滑坡区上游侧，前缘位于库水位以下，后缘高程约为 300 m，顺河向宽约 130 m；滑坡初估堆积厚度约为 25 m，体积为 $5 \times 10^5 \sim 6 \times 10^5 \, \mathrm{m}^3$，为突发性基岩滑坡，11 月 9 日滑坡强烈变形时已有近 $1 \times 10^4 \, \mathrm{m}^3$ 的岩土体入江。新滑坡区总体地形坡度较大，邻库斜坡的地形坡度大于 45°，滑床面形态与地面坡度相近，势能较大，有高速滑动可能。有关部门前期计算的滑坡涌浪初始高度可能达 11.2 m，涌浪将直接危及水田坝乡高程 183 m 以下居民（201 户 587 人）、中心小学（857 人）、乡直单位及工矿企业（7 家 128 人）1 572 人的生命和财产安全，见图 11.21。

图 11.21　滑坡体与水田坝乡人民政府所在地

　　长江科学院根据北泥儿湾滑坡实际测绘和地质资料情况，运用 DDA 方法，对滑坡滑动全过程进行了数值模拟计算，并预测了滑坡涌浪的高度。

11.3.1　滑坡地质特征

　　滑坡周边出露的基岩地层为上侏罗统蓬莱镇组，岩性为紫红色泥岩与灰白色砂岩互层，新滑坡物质以上述层状岩体为主，下游侧老滑坡则以砂岩、泥岩碎块石夹土为主，表层覆盖有紫红色、砖红色粉质黏土。从构造上来看，滑坡体位于秭归向斜核部东翼，水田坝断层上盘。水田坝断层总体走向为北北东，倾向北西，倾角为 62°～85°。现场调查情况显示，滑坡区层状岩体的岩层面走向近南北，倾向西；公路上部出露的基岩岩层的倾向为 270°～290°，倾角为 38°～47°，公路以下至河床岩层的倾角逐渐变缓至 25°～30°，水田坝断裂从其间穿过，层面被该断裂切断。

11.3.2　DDA 计算模型

　　实际滑坡事故中，滑坡体的形状、组成成分千差万别，且滑坡体与水体的作用是一个相互耦合的过程，对于滑坡体形状及滑坡体的入水过程很难精细地进行模拟。但很多已发生的滑坡事故表明，涌浪的产生过程主要受滑坡体势能、体积、长度、宽度、厚度等总体特征控制。滑坡岩土体入水引起的涌浪高度的动态变化必须基于滑动过程中速度的变化来进行求解，因此正确计算滑坡速度、掌握其速度在运动过程中的变化规律是必要的。应用 DDA 理论计算滑坡体的滑速是一种十分有效的方法。对于 DDA 的动力计算，块体的速度是通过位移对时间的有限差分得到的。用 DDA 方法可计算出块体 i 在不同时刻 t 的瞬时速度 $v_i(t)$，设块体 i 的质量为 m_i，则被测量的块体系统（假定 n 个块体组成一个块体系统）在 t 时刻的平均速度 $v_a(t)$ 和均方根速度 $v_b(t)$（根据动能平均）分别为

$$v_a(t) = \frac{v_1(t) + v_2(t) + \cdots + v_n(t)}{n}$$

$$v_b(t) = \sqrt{\frac{\dfrac{1}{2}m_1 v_1^2(t) + \dfrac{1}{2}m_2 v_2^2(t) + \cdots + \dfrac{1}{2}m_n v_n^2(t)}{\displaystyle\sum_{i=1}^{n} m_i / 2}}$$

根据实测的地形地质资料，应用 DDA 方法建立了滑坡计算模型，见图 11.22。计算范围：长度方向取 738 m，高度方向取 187 m。计算模型中有块体单元 503 个。

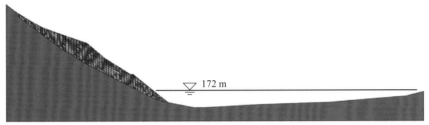

图 11.22　北泥儿湾滑坡 DDA 计算模型

11.3.3　涌浪计算公式

估算滑坡涌浪首浪高度的公式较多，本次计算采用了以下两种公式。

（1）潘家铮公式：

$$\frac{\eta}{h_0} = 1.17 \frac{v}{\sqrt{g h_0}}$$

式中：v 为滑坡体平均速度；h_0 为当地平均水深；g 为重力加速度。

当 $0 < \sqrt{g h_0} \leqslant 0.5$ 时，$\eta = \dfrac{v}{\sqrt{g h_0}}$；

当 $0.5 < \sqrt{g h_0} < 2.0$ 时，$\eta = h_0$。

（2）中国水利水电科学研究院公式：

$$\eta = \frac{v^{1.85}}{2g} v_m^{0.5}$$

式中：v 为滑坡体平均速度；v_m 为滑坡体入水体积（$10^4\,\mathrm{m}^3$）。

11.3.4　计算工况

计算模拟了蓄水到 172 m 水位时，滑坡在自重、库水联合作用下的滑动全过程。通过降低水下滑带的力学参数模拟了边坡下部软岩在构造破碎切割、库水浸泡软化的共同作用下的抗力降低作用。由于缺少滑坡岩土材料的力学参数资料，类比千将坪滑坡试验资料，共分三种计算方案。

（1）低参，主滑带内摩擦角为 12°，黏聚力为 30 kPa；

（2）中参，主滑带内摩擦角为 15°，黏聚力为 30 kPa；

（3）高参，主滑带内摩擦角为 22°，黏聚力为 30 kPa。

11.3.5　计算结果

北泥儿湾滑坡从启动到最终解体失稳经历了"蠕滑—加速变形—减速停止"的历时过程。滑坡滑动的全过程大致分为以下几个阶段：①蠕滑阶段，受蓄水的影响，滑坡前部滑体及滑带参数降低，滑坡缓慢蠕动，前缘积压严重，中后部应力和变形随前缘部位的变化不断调整，能量不断聚集；②加速变形阶段，滑坡变形发展到一定阶段，滑坡的下滑力超过阻滑部分抗力，滑坡前缘产生较大的加速度，滑坡速度明显变大，滑坡位移出现飞跃性增长，前缘带动中后缘部位，滑坡中后部出现多处大的裂缝，裂缝继续延伸、扩展并加剧，后缘下坐，滑体迅速冲向河床和对岸，伴有涌浪，堵塞河道，形成堰塞湖；③减速停止阶段，随着滑体的下滑，滑坡受到的对岸地形的阻挡及摩擦作用加大，滑体势能减小，速度降低，位移趋于稳定，滑动停止。

图 11.23～图 11.28 为不同滑带参数方案下滑坡的速度、位移随时间的变化曲线。速度和位移历时曲线显示了滑坡启动—加速—速度达到最大—减速—停止的过程，速度、位移量值随运动历时而变化。图 11.29 动态显示了整个滑动过程。

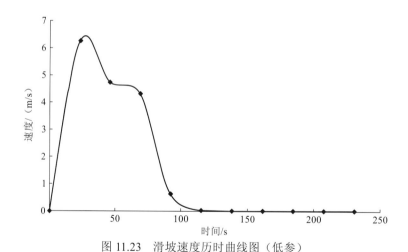

图 11.23　滑坡速度历时曲线图（低参）

不同方案滑坡最大滑动速度与初始涌浪高度的计算结果见表 11.2。滑坡最大滑动速度为 6.34～7.30 m/s，历时 62.7～115.0 s，最大滑动距离为 196～215 m。按潘家铮公式计算得到的初始涌浪高度为 9.54～10.98 m，均值为 10.29 m；按中国水利水电科学研究院公式计算得到的初始涌浪高度为 6.02～7.82 m，均值为 6.95 m。

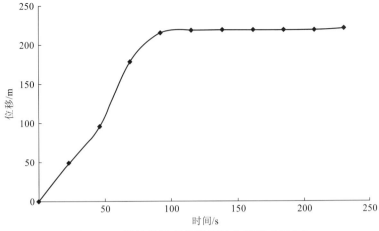

图 11.24 滑坡前缘点位移历时曲线图（低参）

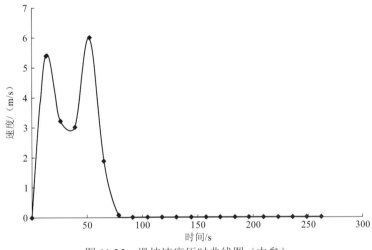

图 11.25 滑坡速度历时曲线图（中参）

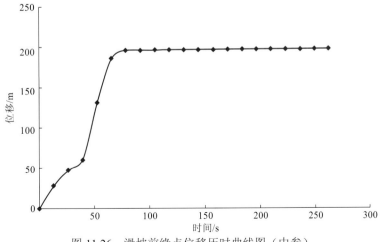

图 11.26 滑坡前缘点位移历时曲线图（中参）

数值流形方法及其在水利水电工程中的应用

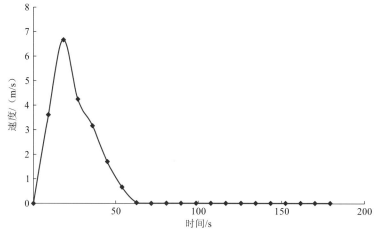

图 11.27　滑坡速度历时曲线图（高参）

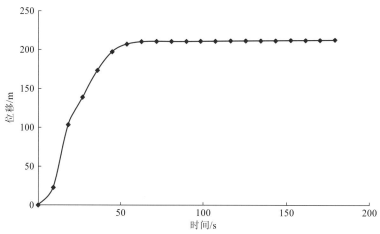

图 11.28　滑坡前缘点位移历时曲线图（高参）

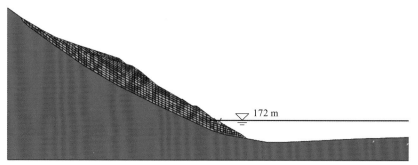

（a）滑动过程1

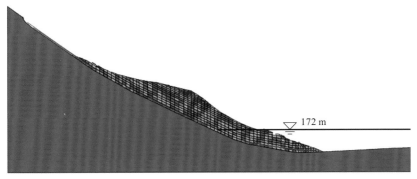

（b）滑动过程2

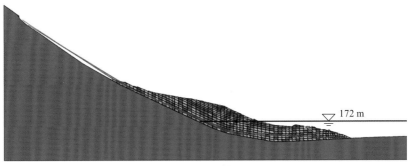

（c）滑动过程3

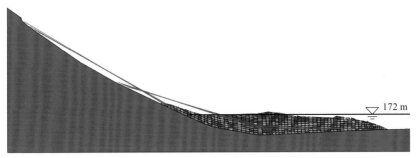

（d）滑动过程4

图 11.29　滑坡滑动过程

表 11.2　不同方案滑坡最大滑动速度与初始涌浪高度

方案	速度/（m/s）			最大滑动距离/m	持续时间/s	初始涌浪高度/m	
	最大滑动速度	水平滑动速度	垂直滑动速度			潘家铮公式	中国水利水电科学研究院公式
低参	6.88	6.25	2.70	215	115.0	10.35	7.00
中参	6.34	6.01	1.64	196	78.0	9.54	6.02
高参	7.30	6.68	2.24	207	62.7	10.98	7.82

注：采用中国水利水电科学研究院公式和潘家铮公式计算时，滑坡入水体积采用 1.5×10^5 m³。

利用 DDA 方法模拟了滑坡滑动全过程，得到了滑坡运动时间、速度、滑距，进而计算了滑坡涌浪的高度。结果表明：滑坡最大滑动速度为 6.34～7.30 m/s，历时 62.7～115.0 s，最大滑动距离为 196～215 m。按潘家铮公式计算得到的初始涌浪高度为 9.54～10.98 m，均值为 10.29 m；按中国水利水电科学研究院公式计算得到的初始涌浪高度为 6.02～7.82 m，均值为 6.95 m。综合两种滑坡涌浪计算公式，北泥儿湾滑坡涌浪的高度为 7.0～10.0 m。

第 12 章

数值流形方法在大型结构稳定分析中的应用

12.1 引　　言

拉西瓦水电站反拱结构的拱块间设施工缝，分缝使各拱块相互分离，在外力作用下拱块本身发生变形，同时各拱块间相互挤压、摩擦，缝隙逐渐弥合，各拱块联合成拱整体受力，其力学过程表现为强烈的非线性、非连续特征，目前还没有一种数值分析方法能够很好地模拟这类结构的变形全过程。本章利用所提出的数值流形方法，探讨拉西瓦水电站反拱形水垫塘结构的拱圈和缝隙的受力变化过程、承载变形机理、整体加载和局部加载情况下的破坏模式及极限承载能力等。

12.2 工 程 概 况

拉西瓦水电站位于青海省贵德县与贵南县交界的黄河干流上，是黄河上游龙羊峡至青铜峡河段规划的大、中型水电站中的第二个梯级水电站。与上游龙羊峡水电站河道的距离为 32.8 km，与下游李家峡水电站河道的距离为 73 km，距青海省西宁市公路 134 km。工程的主要任务是发电。枢纽建筑物主要由混凝土双曲薄拱坝、右岸地下厂房、坝身泄洪建筑物和坝后消能建筑物等组成。

拉西瓦双曲拱坝最大坝高为 250 m，水电站装机容量为 6×700 MW，为 I 等大（1）型工程。坝身泄洪建筑物由三个表孔、两个深孔、一个底孔和一个临时底孔组成；坝后消能建筑物由水垫塘、二道坝、护坦等组成。坝后消能建筑物中的水垫塘属一级建筑物。

拉西瓦水电站坝址处的天然河道为 V 形地形，两岸边坡陡峻，河道狭窄，谷底地应力高。水垫塘具有"窄、短、浅"的特点，消能及底板稳定问题突出。因此，水垫塘设计利用天然河谷有利地形，采用反拱结构形式。在高应力区，设计反拱形水垫塘来承受250 m 级高拱坝巨大的泄洪能量，在国内外尚属首次，是目前世界上泄洪消能功率最大的反拱形水垫塘。水垫塘破坏还可能会造成坝脚冲刷和两岸高边坡的失稳，因此，反拱结构的稳定性至关重要。

水垫塘反拱体形段最大底宽（反拱曲线段弦长）为 62.0 m，反弧中线角为 61.647°，内半径为 60.5 m，底板最低处顶面高程为 2214.50 m，底板厚 3.0 m。在反拱上设 4 条纵向施工缝（顺水流向），分为 5 块。缝间设梯形键槽；在拱圈上、下底面附近配置过缝钢筋网，在键槽范围布置几层过缝插筋。反拱两侧对称布设拱座，见图 12.1 和图 12.2。

对于反拱形水垫塘结构，混凝土拱块间存在 1 mm 左右的施工缝，在扬压力作用下，板块抬升成整体拱的力学过程及拱圈的极限承载力是工程安全稳定的关键问题。各拱块之间要经历变位上抬、局部接触摩擦与转动、间隙逐步弥合、整体成拱接触传力的过程，力学行为属高度接触非线性问题；同时，反拱结构的破坏模式兼具几何非线性和材料非

图 12.1 反拱形水垫塘照片

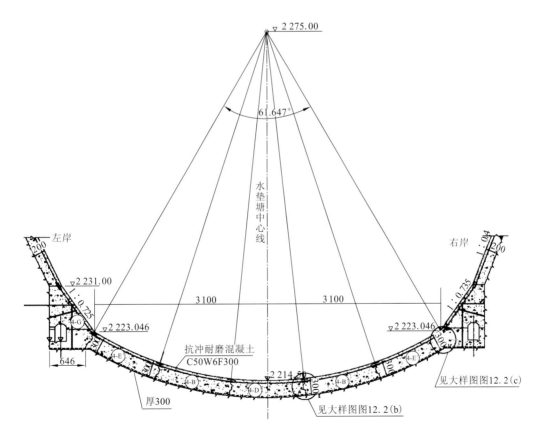

（a）反拱形水垫塘标准剖面

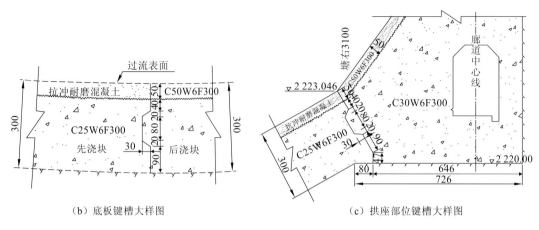

（b）底板键槽大样图　　　　　　　　　（c）拱座部位键槽大样图

图 12.2　反拱形水垫塘结构布置图（高程单位为 m，其余单位为 cm）

线性特征，目前还没有一种数值分析方法能够很好地模拟这类结构的变形全过程。受中国电建集团西北勘测设计研究院有限公司委托，采用所研发的数值流形方法计算程序，研究了拉西瓦水电站反拱形水垫塘结构的拱圈受力过程、承载变形机理、整体加载和局部加载情况下的破坏模式及极限承载能力。

12.3　基于数值流形方法的反拱底板承载力分析

12.3.1　计算模型与计算条件

分别建立了反拱形水垫塘底板的梯形键槽结构模型和直缝结构模型（以下简称键槽模型和直缝模型，见图 12.3），两者均为周边岩体和拱座固定，反拱底板的上表面自由。键槽模型的流形单元共 3 290 个，物理覆盖共 13 983 个；直缝模型的流形单元共 3 286 个，物理覆盖共 13 911 个。材料物理力学参数见表 12.1。

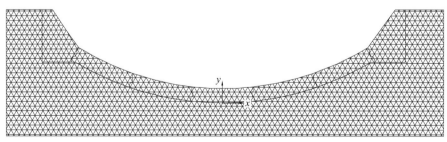

（a）键槽模型

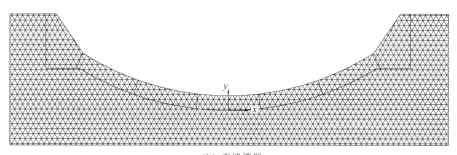

（b）直缝模型

图 12.3　反拱形水垫塘底板的计算模型

表 **12.1**　材料物理力学参数表

材料	弹性模量/GPa	容重/（kN/m³）	泊松比
混凝土	28	24	0.167
基岩	12	27.5	0.2

注：板块间混凝土／混凝土的摩擦系数为 0.7。

　　上述模型中混凝土板块间的径向间隙为 1 mm；直缝及键槽缝的间隙分布均按图 12.4 模拟。

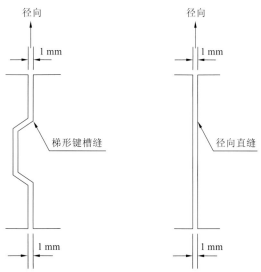

图 12.4　混凝土底板横剖面示意图

12.3.2　计算荷载与分析工况

　　计算中考虑的荷载为混凝土自重和底板下表面的水压力。在拱圈底面上施加沿拱圈径向作用且方向垂直于底板下表面的朝上的水压力。水压力大小与各点的位置水头有关，在拱圈底面上呈曲线分布，最大值位于反拱底板最低点 H 处，随着拱圈高度的增加而逐渐减小。设拱圈最低部位 H 点处的水压力为 P_H（图 12.5 为直缝模型整体承受的水压力示意图及各混凝土分块编号）。键槽模型与直缝模型的荷载相同。

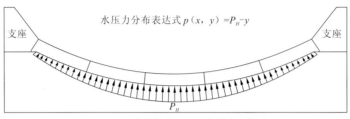

（a）反拱结构水压力分布模式示意图

（b）反拱结构混凝土拱块编号

图 12.5　反拱结构水压力分布及拱块编号示意图

针对反拱形水垫塘结构的整体承载力和拱圈受力过程进行研究。分别对键槽模型、直缝模型的水垫塘底板整体受到 5 m、7 m、7.5 m、8 m、8.5 m、10 m、15 m、35 m、40 m、60 m、80 m、100 m、140 m、200 m、400 m、800 m 水头的浮托力作用时的结构位移、应力及承载力进行计算分析。

针对反拱形水垫塘结构的局部承载力和拱圈受力过程进行研究。分别对键槽模型、直缝模型的水垫塘底板局部受到 5 m、10 m、15 m、35 m、40 m、60 m、80 m、100 m、140 m、200 m、400 m、800 m 水头的浮托力作用时的结构应力、位移及承载力进行计算分析。

局部拱块承受的水压力指施加在底板块中心下部的水压力；加载方式指只对指定底板块施加扬压力，其他底板块不施加。局部拱块的加载方式和水压力见表 12.2。

表 12.2　局部拱块的加载方式和水压力（键槽模型和直缝模型）

水头/m	加载方式 1	加载方式 2	加载方式 3	加载方式 4
5	③、④、⑤拱块	④、⑤拱块	⑤拱块	①、②、④、⑤拱块
10	③、④、⑤拱块	④、⑤拱块	⑤拱块	①、②、④、⑤拱块
15	③、④、⑤拱块	④、⑤拱块	⑤拱块	①、②、④、⑤拱块
35	③、④、⑤拱块	④、⑤拱块	⑤拱块	①、②、④、⑤拱块
40	③、④、⑤拱块	④、⑤拱块	⑤拱块	①、②、④、⑤拱块

续表

水头/m	加载方式 1	加载方式 2	加载方式 3	加载方式 4
60	③、④、⑤拱块	④、⑤拱块	⑤拱块	①、②、④、⑤拱块
80	③、④、⑤拱块	④、⑤拱块	⑤拱块	①、②、④、⑤拱块
100	③、④、⑤拱块	④、⑤拱块	⑤拱块	①、②、④、⑤拱块
140	③、④、⑤拱块	④、⑤拱块	⑤拱块	①、②、④、⑤拱块
200	③、④、⑤拱块	④、⑤拱块	⑤拱块	①、②、④、⑤拱块
400	③、④、⑤拱块	④、⑤拱块	⑤拱块	①、②、④、⑤拱块
800	③、④、⑤拱块	④、⑤拱块	⑤拱块	①、②、④、⑤拱块

12.3.3 反拱结构承载过程位移场分析

1. 整体加载

（1）当反拱形水垫塘结构上的水压力逐渐增大，超过拱块自重，大约承受 7.5 m 水头时，拱块开始上抬（表 12.3），上抬到一定高度，拱块之间的缝隙逐渐闭合，使得整个拱圈相互挤压，咬合在一起，在接触缝表面产生法向压力和切向力，各拱块联合作用形成连续拱，拱块间相互传递内力。位于最低高程的③拱块最先上抬，同时向两侧拱块传递轴力和剪力，两侧④、②拱块在底部水压和接触面轴力、剪力作用下向上移动，并向外侧产生一定的压缩和转动，①、⑤拱块依次受力成拱，拱端推力最终传递到拱座和岩体上。

表 12.3　反拱结构最低部位的铅直向上位移随水头的变化表

位移	水头/m												
	0	5	7	7.5	8.5	10	15	35	40	80	140	400	800
键槽模型位移/mm	0	0	0	0.2	1.8	7.2	14.8	31.8	36.2	71.5	125	369	802.3
直缝模型位移/mm	0	0	0	0	1.8	7.3	14.6	30.4	34.7	69.2	122	364	797.3

（2）反拱形水垫塘结构（梯形键槽型反拱结构和直缝型反拱结构）的位移特征表现为：高程越低，承受的水压越大，向上抬升的位移也越大；③拱块最低点的位移值最大，向两侧位移逐渐减小，基本呈对称分布。

（3）表 12.3 和图 12.6 给出了③拱块最低部位 H 点的铅直向上位移随水头的变化情况。从表 12.3 和图 12.6 可以看出，H 点的上抬位移与水头的关系曲线基本呈线性变化，带梯形键槽缝的反拱结构与直缝型反拱结构的位移值基本相当。

· 153 ·

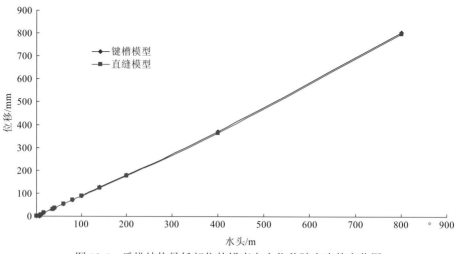

图 12.6　反拱结构最低部位的铅直向上位移随水头的变化图

（4）图 12.7～图 12.10 为部分水头作用下拱圈变形前后的形态和位移矢量图。从图 12.7～图 12.10 中可以看出，随水头的增加，拱圈整体向上变形，同时受到拱座部位的约束作用，产生一定的转动。

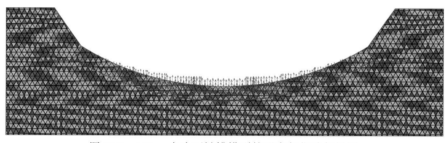

图 12.7　100 m 水头下键槽模型的形态与位移矢量图

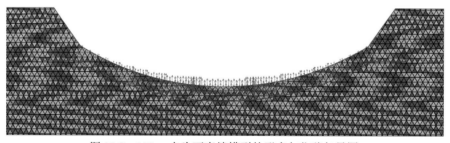

图 12.8　100 m 水头下直缝模型的形态与位移矢量图

（5）为了显示拱圈各部位变形的大小，取反拱结构一半范围内的若干特征点（图 12.11），对其位移结果进行分析。研究表明，随水压力的增加，③拱块最先上抬，之后④、⑤拱块陆续上抬，在小于 35 m 水头时拱块间有一定的错动变形，在受到大于 35 m 水头的水压力时拱圈整体承载，拱圈各部位位移基本随水压力的增加线性增长。

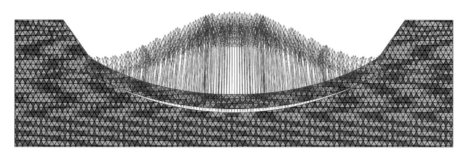

图 12.9 800 m 水头下键槽模型的形态与位移矢量图

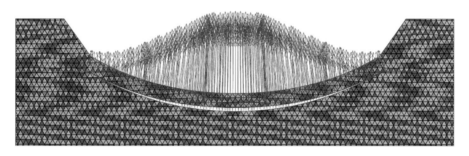

图 12.10 800 m 水头下直缝模型的形态与位移矢量图

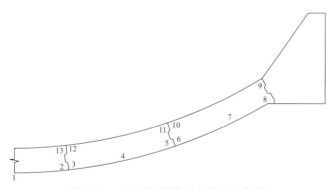

图 12.11 典型部位特征点位置示意图

（6）对于梯形键槽型反拱结构，10 m 水头时，③拱块 H 点铅直向上的位移为 7.2 mm；35 m、40 m、80 m 和 100 m 水头时，H 点铅直向上的位移分别为 31.8 mm、36.2 mm、71.5 mm 和 89.2 mm。

（7）对于直缝型反拱结构，10 m 水头时，③拱块 H 点铅直向上的位移为 7.3 mm；35 m、40 m、80 m 和 100 m 水头时，H 点铅直向上的位移分别为 30.4 mm、34.7 mm、69.2 mm 和 86.8 mm。

（8）对于梯形键槽型反拱结构和直缝型反拱结构，在大于 35 m 水头后，各拱块相互咬合形成整体拱效应，⑤拱块上部与拱座接缝的错动位移随水头的增加近似呈线性增长，见图 12.12 和表 12.4。梯形键槽型反拱结构在拱座部位接缝处的错动变形明显小于直缝型反拱结构，且随水压增加仅少量增长；而直缝型反拱结构在拱座部位接缝处的错动变形随水头增加明显增大。可见，键槽接缝形式在形成整体承载结构和抵抗接缝处剪切滑移变形方面具有明显优势。

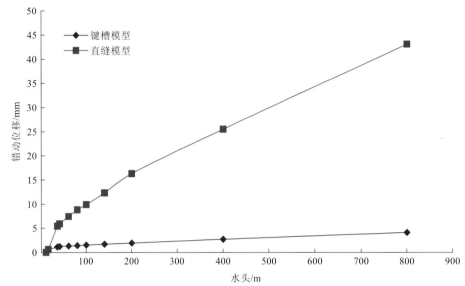

图 12.12　⑤拱块上部与拱座接缝的错动位移随水头的变化图

表 **12.4**　⑤拱块上部与拱座接缝的错动位移随水头的变化表

水头/m	键槽模型错动位移/mm	直缝模型错动位移/mm
10	0.0	0.0
15	0.5	0.6
35	1.1	5.4
40	1.2	5.9
60	1.3	7.4
80	1.4	8.8
100	1.5	9.9
140	1.7	12.3
200	1.9	16.3
400	2.7	25.5
800	4.1	43.1

由于目前的数值流形方法程序只能进行线弹性分析，故所得到的拱圈位移随水头线性增长，即使在 800 m 水头的扬压力作用下，拱圈已产生很大的位移，但反拱结构仍是

一个完整的承载体系，并未出现拱块间的滑移、脱开及相对运动（第2章已述及，数值流形方法可以很好地模拟结构或岩体的不连续位移），表明反拱结构形式具有很高的整体承载性能，其结构的极限承载能力主要取决于应力控制的材料强度破坏。

2. 局部加载

计算了四种局部加载方式，即在③、④、⑤拱块，④、⑤拱块，⑤拱块，①、②、④、⑤拱块上施加水压力。

1）梯形键槽型反拱结构

图12.13~图12.16分别为梯形键槽型反拱结构四种局部加载方式下拱圈变形前后的形态和位移矢量图；图12.17~图12.20分别为不同水头下梯形键槽型反拱结构四种局部加载方式下沿拱圈特征点的位移图。

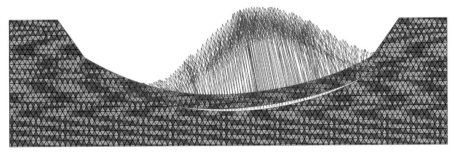

图 12.13　键槽模型 800 m 水头③、④、⑤拱块加载时的形态和位移矢量图

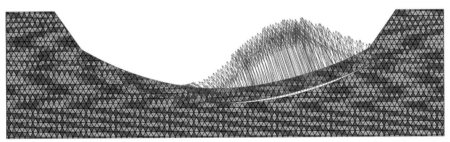

图 12.14　键槽模型 800 m 水头④、⑤拱块加载时的形态和位移矢量图

图 12.15　键槽模型 800 m 水头⑤拱块加载时的形态和位移矢量图

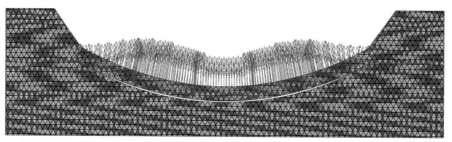

图 12.16　键槽模型 800 m 水头①、②、④、⑤拱块加载时的形态和位移矢量图

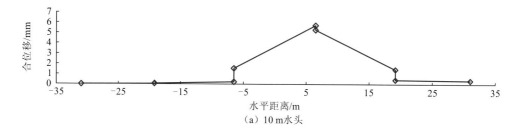

图 12.17　键槽模型不同水头时特征点的位移图（局部加载方式 1：③、④、⑤拱块）

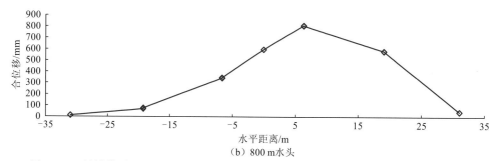

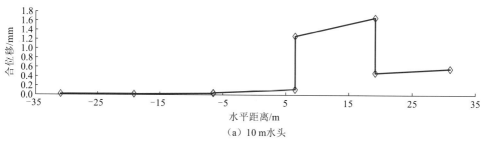

图 12.18　键槽模型不同水头时特征点的位移图（局部加载方式 2：④、⑤拱块）

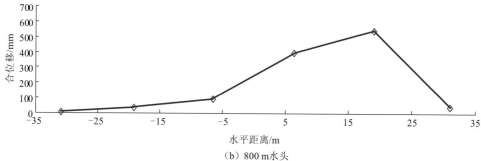

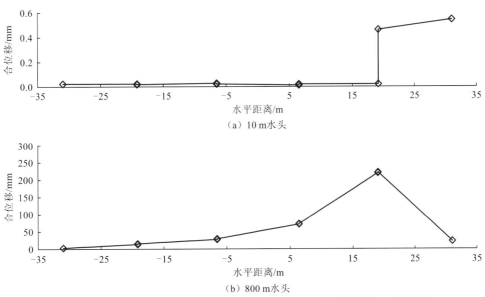

图 12.19 键槽模型不同水头时特征点的位移图（局部加载方式 3：⑤拱块）

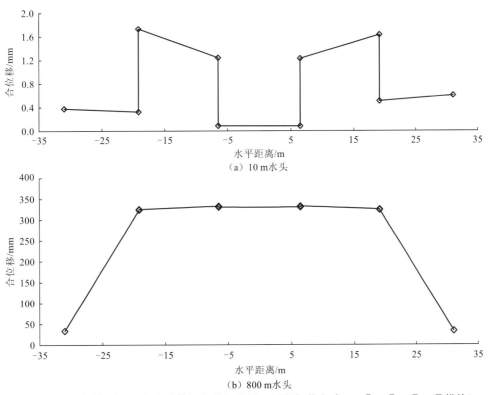

图 12.20 键槽模型不同水头时特征点的位移图（局部加载方式 4：①、②、④、⑤拱块）

对于③、④、⑤拱块局部加载方式，③、④拱块变形较大，⑤拱块次之。各种水头下拱圈位移量值和变化见图 12.17。梯形键槽缝受到大于 35 m 水头的局部荷载时基本闭合，但③、④拱块间接缝上部张开，35 m 水头时张开 0.6 mm；承受 140 m、400 m、800 m 水头时，张开分别为 1.2 mm、3.9 mm、12.1 mm。各种水压力作用下，张开深度始终不超过拱圈接缝的三分之一（即梯形键槽上三分之一的平直段）。另外，⑤拱块与拱座接缝下部也有张开，见图 12.13。

对于④、⑤拱块局部加载方式，④拱块变形较大，⑤拱块次之。各种水头下拱圈位移量值和变化见图 12.18。梯形键槽缝受到 15～35 m 水头的局部荷载时基本闭合，但④、⑤拱块间接缝上表面张开，35 m 水头时张开 3.3 mm；承受 140 m、400 m、800 m 水头时，张开分别为 6.0 mm、15.2 mm、98.8 mm。各种水压力作用下，张开深度始终不超过拱圈接缝的三分之二（即梯形键槽上三分之二的平直段）。另外，⑤拱块与拱座接缝下部也有张开，②、③拱块接缝下部也略有张开，见图 12.14。

对于⑤拱块局部加载方式，⑤拱块变形较大，④拱块次之。各种水头下拱圈位移量值和变化见图 12.19。梯形键槽缝受到 15～35 m 水头的局部荷载时基本闭合，但④、⑤拱块间接缝上表面张开，35 m 水头时张开 3.4 mm；承受 140 m、400 m、800 m 水头时，张开分别为 7.5 mm、16.5 mm、31.6 mm。各种水压力作用下，张开深度始终不超过拱圈接缝的三分之二（即梯形键槽上三分之二的平直段）。另外，⑤拱块与拱座接缝下部也有张开，③、④拱块接缝下部也略有张开，见图 12.15。

对于①、②、④、⑤拱块局部加载方式，②、④拱块变形较大，①、⑤拱块次之，③拱块最小。各种水头下拱圈位移量值和变化见图 12.20。梯形键槽缝受到大于 35 m 水头的局部荷载时基本闭合，在②、③拱块和③、④拱块两接缝上部有少量错动位移；在高水头情况下，①、②拱块和④、⑤拱块两接缝上部略有张开，当承受 800 m 水头时，张开深度不超过拱圈接缝的十分之一，见图 12.16。

2）直缝型反拱结构

图 12.21～图 12.26 分别为直缝型反拱结构四种局部加载方式下拱圈变形前后的形态和位移矢量图；图 12.27～图 12.30 分别为不同水头下直缝型反拱结构四种局部加载方式下沿拱圈特征点的位移图。

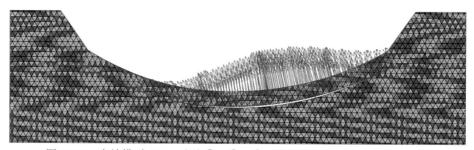

图 12.21　直缝模型 400 m 水头③、④、⑤拱块加载时的形态和位移矢量图

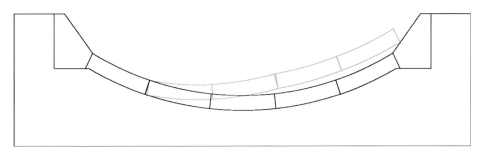

图 12.22 直缝模型 800 m 水头③、④、⑤拱块加载时的变形前后形态

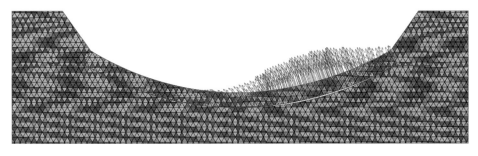

图 12.23 直缝模型 400 m 水头④、⑤拱块加载时的形态和位移矢量图

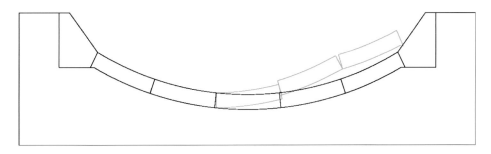

图 12.24 直缝模型 800 m 水头④、⑤拱块加载时的变形前后形态

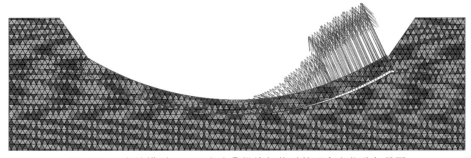

图 12.25 直缝模型 800 m 水头⑤拱块加载时的形态和位移矢量图

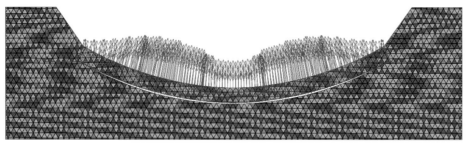

图 12.26　直缝模型 800 m 水头①、②、④、⑤拱块加载时的形态和位移矢量图

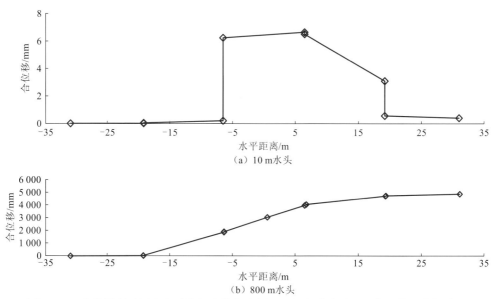

（a）10 m水头

（b）800 m水头

图 12.27　直缝模型不同水头时特征点的位移图（局部加载方式 1：③、④、⑤拱块）

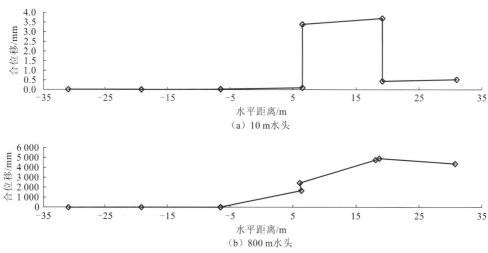

（a）10 m水头

（b）800 m水头

图 12.28　直缝模型不同水头时特征点的位移图（局部加载方式 2：④、⑤拱块）

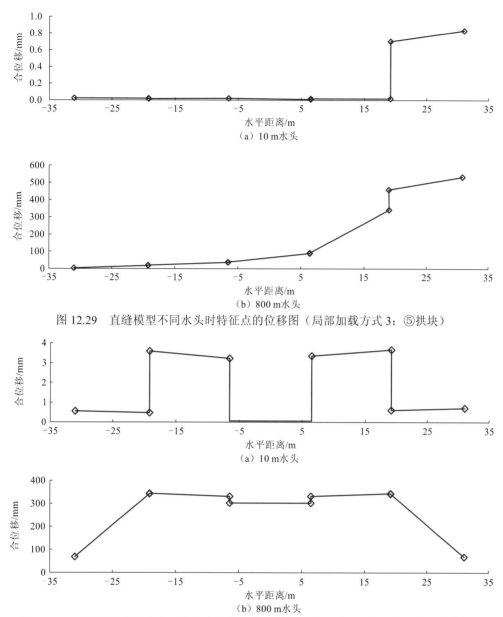

图 12.29　直缝模型不同水头时特征点的位移图（局部加载方式 3：⑤拱块）

图 12.30　直缝模型不同水头时特征点的位移图（局部加载方式 4：①、②、④、⑤拱块）

　　直缝型反拱结构与梯形键槽型反拱结构局部加载的最大不同在于，高水头下直缝型反拱结构拱块间接缝处的抗滑力明显弱于梯形键槽型反拱结构，特别是在⑤拱块与拱座的接缝处各种局部加载方式下剪切滑移变形明显大于梯形键槽型反拱结构的相应部位，从而直缝型反拱结构的拱块在局部拱块受载时沿与拱座的接缝产生较大变形，在很高的水头压力作用下拱块沿拱座接缝飞出（如③、④、⑤拱块加载 400 m 水头时稳定，但加载 800 m水头时飞出；④、⑤拱块加载 400 m 水头时稳定，但加载 800 m 水头时飞出；⑤拱块加载400 m 水头时稳定，加载 800 m 水头时未飞出，拱座接缝部位产生约 0.5 m 的错动变形）。

对于①、②、④、⑤拱块局部加载方式，由于对称加载，各水头下反拱结构均稳定。

从反拱结构局部承载情况来看，两种反拱接缝结构形式比较，梯形键槽型反拱结构在抵抗局部非对称加载方面具有明显优势。

12.3.4　反拱结构承载过程应力场分析

由于局部加载计算工况主要与模型试验结果进行对比，本节仅分析整体加载时的拱圈受力情况。

（1）图 12.31～图 12.33 分别给出了不同水头下梯形键槽型反拱结构拱圈的应力矢量图。从图 12.31～图 12.33 中可以看出，在水压力作用下，拱块抬升，相互挤压成拱，拱内产生沿拱圈切向分布的"压应力流"，说明成拱后混凝土材料的抗压强度得以充分发挥。

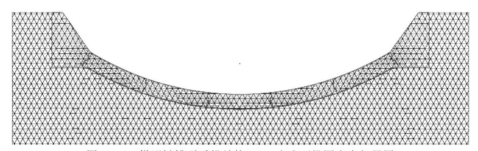

图 12.31　梯形键槽型反拱结构 60 m 水头下拱圈应力矢量图

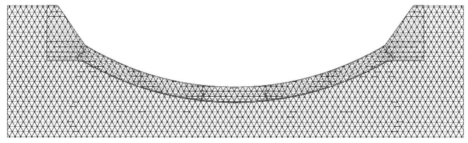

图 12.32　梯形键槽型反拱结构 100 m 水头下拱圈应力矢量图

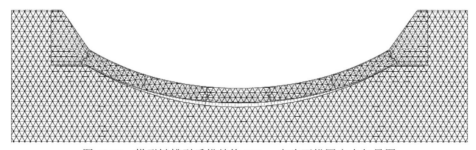

图 12.33　梯形键槽型反拱结构 800 m 水头下拱圈应力矢量图

（2）表 12.5 给出了不同水头下带梯形键槽缝和直缝的反拱结构的最大拉压应力变化情况。从计算结果可知，反拱结构内的最大压应力随水头的增大而逐渐增加，两者基本呈线性关系。

表 12.5　两种形式的反拱结构在不同水头下的最大拉压应力及超限面积比

水头/m	键槽型				直缝型			
	最大压应力/MPa	压应力超限面积比/%	最大拉应力/MPa	拉应力超限面积比/%	最大压应力/MPa	压应力超限面积比/%	最大拉应力/MPa	拉应力超限面积比/%
5	0.27	0.00	0.25	0.00	0.27	0.00	0.24	0.00
10	1.44	0.00	0.52	0.00	1.27	0.00	0.50	0.00
15	2.98	0.00	1.26	0.00	3.02	0.00	1.03	0.00
35	10.17	0.00	8.68	0.82	8.87	0.00	5.86	0.00
40	11.98	0.00	10.40	0.82	10.52	0.00	7.08	0.00
60	18.98	0.75	17.20	0.82	17.21	0.37	12.02	0.00
80	25.77	14.45	23.47	0.82	24.06	13.17	16.95	0.00
100	32.61	51.39	29.80	0.82	30.96	51.28	21.89	0.28
110	36.05	62.85	32.95	0.82	34.42	66.78	24.36	0.28
115	37.76	66.58	34.52	0.82	36.15	74.69	25.60	0.28
120	39.48	73.58	36.08	0.82	37.88	79.57	26.83	0.28
140	46.33	82.55	42.35	0.82	44.54	86.29	31.86	0.28

（3）对于梯形键槽型反拱结构，其受 35 m 水头的浮托力作用时，最大压应力为 10.17 MPa，最大拉应力为 8.68 MPa，两者均出现在端部拱块与拱座的结合部位，分析表明，拱圈在受力上抬过程中，具有朝拱座一侧发生位移偏转的趋势，在拱端承受了较大的弯矩作用；拱圈受 60 m 水头作用时，梯形键槽型反拱结构的最大压应力为 18.98 MPa，最大拉应力为 17.20 MPa，出现部位与 35 m 水头时相同，局部的最大拉压应力均超过了混凝土材料的抗拉、抗压强度；拱圈受 100 m 水头作用时，梯形键槽型反拱结构的最大压应力为 32.61 MPa，最大拉应力为 29.80 MPa，均出现在端部拱块与拱座结合部位。对于直缝型反拱结构，相同水压下，最大拉压应力基本略小于梯形键槽型反拱结构的最大拉压应力，两者总体上应力水平相当。

（4）为了表示拱圈结构应力超过混凝土材料抗压、抗拉强度的范围，定义了拉压应力超限面积比，即拉应力或压应力超过混凝土材料强度的单元的面积占拱圈总面积的百分比。表 12.5、图 12.34 和图 12.35 分别给出了压应力超限面积比和拉应力超限面积比的计算结果。图 12.36 和图 12.37 为梯形键槽型反拱结构的压拉应力超限范围随水头的变化情况（绿色单元表示单元的主应力超过混凝土的抗压强度或抗拉强度）。

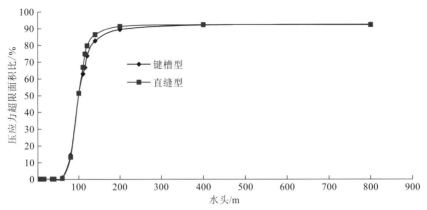

图 12.34 不同水头下两种形式的反拱结构的压应力超限面积比的变化曲线

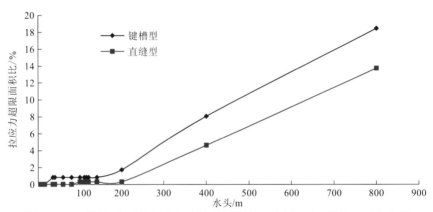

图 12.35 不同水头下两种形式的反拱结构的拉应力超限面积比的变化曲线

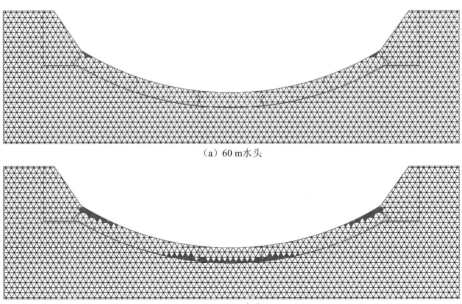

（a）60 m水头

（b）80 m水头

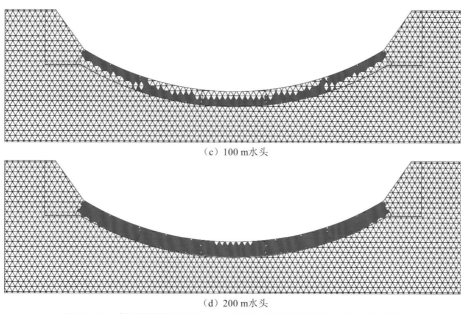

（c）100 m水头

（d）200 m水头

图 12.36　梯形键槽型反拱结构压应力超限范围随水头的变化情况

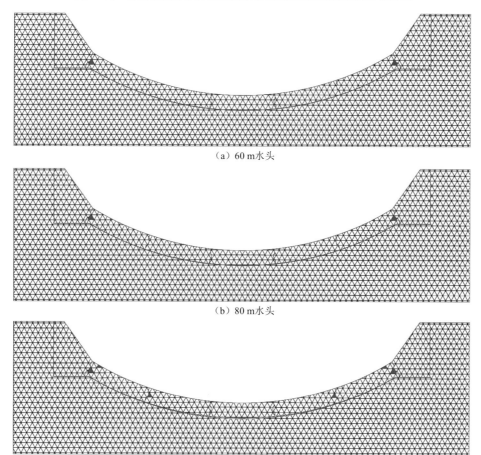

（a）60 m水头

（b）80 m水头

（c）200 m水头

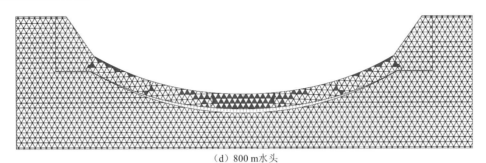

（d）800 m水头

图 12.37　梯形键槽型反拱结构拉应力超限范围随水头的变化情况

从图 12.36 和表 12.5 可以看出，反拱结构的压应力超限面积比和范围随水头的增长而逐步增加。以键槽模型为例，在 40 m 水头下没有出现压应力超限单元，60 m、80 m、100 m、110 m、115 m 水头时对应的压应力超限面积比分别为 0.75%、14.45%、51.39%、62.85%、66.58%。从图 12.36 可见，在拱圈承受的水头大于 80 m 时，反拱结构的压应力超限面积比有较明显的增长，至 115 m 水头时结构的压应力超限面积比达到 66.58%（超限面积基本达到拱圈总面积的三分之二），显然此时结构已不能满足整体承载要求。综合位移计算结果发现，反拱形水垫塘结构自身的极限承载能力主要取决于混凝土材料的强度。直缝型反拱结构的应力超限面积的变化规律与梯形键槽型反拱结构基本相同，在至 110 m 水头时压应力超限面积比达到 66.78%（超限面积基本达到拱圈总面积的三分之二）。

（5）从两种形式的反拱结构的压应力超限部位来看，均在拱端①、⑤拱块与拱座相邻的上表面首先出现压应力超限单元，随着水头的增加，其范围逐渐向中部扩大，同时在③拱块下表面出现压应力超限单元并从中部向两侧扩大，拱圈上、下表面的应力超限单元在②、④拱块与①、⑤拱块相接部位贯通并随水头的增加而逐步延伸。在水头达到 115 m（直缝型反拱结构为 110 m）时，整个拱圈三分之二面积的切向压应力基本上超过了混凝土材料的抗压强度；在水头达到 200 m 时，整个拱圈的切向压应力基本上都超过了混凝土材料的抗压强度。

（6）从两种形式的反拱结构的拉应力超限部位来看，拉应力超限的单元很少，随水头的增加变化不明显。以键槽模型为例，在 200 m 水头时，其拉应力超限面积比仅为 1.71%，大大小于压应力超限的范围，超限单元零星分布于拱块与拱座、拱块之间的接触缝附近。由此可见，拱圈的承载能力主要取决于混凝土材料的抗压强度，与抗拉强度关系不大。

12.4 对反拱底板结构承载机理的一些认识

结合 12.3 节的分析结果，探讨了拉西瓦水电站反拱形水垫塘结构拱圈和缝隙的受力变化过程、承载变形机理、整体加载和局部加载情况下的破坏模式及极限承载能力等，获得了以下认识。

（1）当反拱形水垫塘结构上的水压力逐渐增大，超过拱块自重（约 7.5 m 水头）时，拱块开始上抬，上抬到一定高度，拱块之间的缝隙逐渐闭合，各拱块联合作用形成连续拱（在 15~35 m 水头基本形成连续拱），拱块间相互传递内力。位于最低高程的③拱块最先上抬，同时向两侧拱块传递轴力和剪力，两侧④、②拱块和①、⑤拱块依次受力成拱，拱端推力最终传递到拱座和岩体上。

（2）反拱形水垫塘结构的上抬位移随水头的增加线性增长，拱圈位移形态呈对称分布，高程越低，上抬位移越大。对于梯形键槽型反拱结构，10 m 水头时，③拱块最低点铅直向上的位移为 7.2 mm；35 m、40 m、80 m 和 100 m 水头时，③拱块最低点铅直向上的位移分别为 31.8 mm、36.2 mm、71.5 mm 和 89.2 mm。计算结果表明，在一定的水头作用下，拱块间的缝隙弥合成拱传力后，无论是键槽缝还是直缝，两种形式的反拱结构的最大位移相差不大，但在⑤拱块与拱座接缝部位，直缝型反拱结构在高水头时将产生明显的剪切错动变形，而梯形键槽型反拱结构相应的错动变形很小。由此可以看出，梯形键槽型反拱结构在抵抗高水头剪切变形方面有明显的优势。

（3）反拱结构整体的承载性能很好，表现为水头越高，各拱块间咬合越紧密，拱圈向拱座传递压力的效应越明显；极高水头下，各拱块仍相互咬合，未发生拱块间的相互脱开和失稳。这说明反拱形式的受力体系在保持结构完整性、充分发挥混凝土材料性能方面具有独特的优势。

（4）材料承载能力分析表明：反拱形水垫塘结构的应力随水头的增加而不断增长，各拱块基本处于受压状态，主应力矢量沿拱圈切向分布。在线弹性情况下，反拱结构的最大压应力随水头的增大线性增长。当拱圈承受的水头大于 80 m 时，结构单元的压应力超限面积比有较明显的增长，至 100 m 水头时压应力超限区域沿拱圈贯通，至 115 m 水头（直缝型反拱结构为 110 m）时超限面积已达到整个拱圈面积的三分之二，显然结构已不能满足整体承载要求。如果将拱圈的压应力超限区域贯通视作结构的极限承载状态，那么反拱形水垫塘结构的极限承载力大约为 100 m 水头。

（5）分析局部水压承载过程发现：局部加载情况下，拱块间接缝并未完全闭合，同时在高水头时拱块间接缝上部有所张开，但裂缝张开深度始终未超过拱块接缝的三分之二。在 800 m 水头局部加载作用下，梯形键槽型反拱结构的各拱块间仍相互咬合，未出现拱块飞出拱穴的失稳情况；直缝型反拱结构则可出现拱块与拱座间由抗剪力不足引起的大变形。由此可见，梯形键槽型反拱结构的局部承载力要优于直缝型反拱结构，主要体现了梯形键槽缝在抵抗剪切错动变形方面的优势。

（6）综合分析结果发现，当水垫塘反拱支座满足整体抗滑稳定要求，同时拱座处拱端力满足岩体抗压强度要求（尚未考虑拱端岩体的破坏）时，反拱结构的整体承载性能主要取决于混凝土材料的抗压强度，混凝土材料的抗拉强度及拱块间接触面的联结强度均不起控制性作用。另外，拱块间的分缝形式对结构的整体极限承载力影响不大。研究表明，数值流形方法将连续介质与非连续介质统一求解，在模拟连续与非连续并存问题方面是完全可行的，它在精细模拟结构缝隙的接触摩擦与张合过程、拱块间的相对变位及结构大变形等方面具有其他方法无法比拟的优势。

参考文献

[1] CLOUGH R W. The finite element method in plane stress analysis// ASCE Conference on Electronic Computation. [S.l.]: [s.n.], 1960.

[2] GOODMAN R E , TAYLOR R L , BREKKE T L A. A model for the mechanics of jointed rock. Journal of the soil mechanics and foundation division, 1968, 99(5):637-659.

[3] BREBBIA C A. Recent advances in boundary elements. London: Pentech Press, 1978.

[4] 程玉民. 边界元法进展及通用程序. 上海: 同济大学出版社, 1997.

[5] 周维垣. 高等岩石力学. 北京: 水利电力出版社, 1990.

[6] CUNDALL P A. A computer model for simulating progressive large scale movement in blocky systems// Proceedings of the Symposium of the International Society for Rock Mechanics. Nancy: Society for Rock Mechanics, 1971.

[7] STEWART I J, BROWN E T, HUDSON J A. A static relaxation method for the analysis of excavations in discontinuous rock//Design and Performance of Underground Excavation : ISRM Symposium.[S.l.]: [s.n.], 1984.

[8] KAWAI T. A new discrete analysis of nonlinear solid mechanics problems involving stability, plasticity and crack//Proceedings of the Symposium on Application of Computer Method in Engineering. Los Angeles: [s.n.], 1977.

[9] 石根华. 岩体稳定分析的赤平投影方法. 中国科学, 1977(3): 260-271.

[10] GOODMAN R E, SHI G H. Block theory and its application to rock engineering, Englewood Cliffs. New Jersey: Prentice-Hall , Inc., 1985.

[11] 王思敬, 薛守义. 岩体边坡块体滑动位移的初步研究. 华北水利水电学院学报, 1989(4): 38-44.

[12] 裴觉民, 石根华, GOODMAN R E. 水电站地下厂房洞室的关键块体分析. 岩石力学与工程学报, 1990, 9(1): 11-21.

[13] 邬爱清. 岩坡关键块体稳定的概率分析. 长江科学院院报, 1988(2): 15-19.

[14] 邬爱清, 任放, 郭玉. 节理岩体开挖面上块体随机分布及锚固方式研究. 长江科学院院报, 1991, 8(4): 27-34.

[15] 邬爱清, 朱虹, 李信广. 一种考虑块体侧面一般水压分布模式下的块体稳定性计算方法. 岩石力学与工程学报, 2000, 19(增): 936-940.

[16] 邬爱清, 周火明, 任放. 岩体三维网络模拟技术及其在三峡工程中的应用. 长江科学院院报, 1998, 15(6): 15-18.

[17] 黄正加, 邬爱清, 盛谦. 块体理论在三峡工程中的应用. 岩石力学与工程学报, 2001, 20(5): 648-652.

[18] 黄由玲, 张广健, 张思俊. 随机块体理论及其在地下工程中的应用. 河海大学学报, 1993, 21(3):

106-111.

[19] 王英学, 王建宇. 考虑节理尺寸的随机块体可靠度及其出现概率分析. 铁道工程学报, 1999(3): 73-77.

[20] 石根华. 块体系统不连续变形数值分析新方法. 北京: 科学出版社, 1993.

[21] KOO C Y, CHERN J C. The development of DDA with third order displacement function//Proceedings of the First International Forum on Discontinuous Deformation Analysis(DDA) and Simulations of Discontinuous Media. Berkeley: TSI Press, 1996.

[22] LIANG G P, WANG C G. LDDA on the high speed catenary pantograph system dynamics//Proceedings of the First International Forum on Discontinuous Deformation Analysis (DDA) and Simulations of Discontinuous Media. Berkeley: TSI Press, 1996.

[23] 郑榕明, 张勇慧, 王可钧. 耦合算法原理及有限元与 DDA 的耦合. 岩土工程学报, 2000, 22(6): 727-730.

[24] 裴觉民, 石根华. 岩石滑坡体的块体动态稳定和非连续变形分析. 水利学报, 1993, 3(3): 28-34.

[25] THOMAS P A, BRAY J D, KE T C. Discontinuous deformation analysis for soil mechanics//Proceedings of the First International Forum on Discontinuous Deformation Analysis (DDA) and Simulations of Discontinuous Media. Berkeley: TSI Press, 1996.

[26] 张国新, 李广信, 郭瑞平. 不连续变形分析与土的应力应变关系. 清华大学学报(自然科学版), 2000, 40(8): 102-105.

[27] 邬爱清, 任放, 董学晟. DDA 数值模型及其在岩体工程上的初步应用研究. 岩石力学与工程学报, 1997, 16(5): 411-417.

[28] 朱传云, 戴晨, 姜清辉. DDA 方法在台阶爆破仿真模拟中的应用. 岩石力学与工程学报, 2002(增 2): 2461-2464.

[29] SHI G H. Manifold method of material analysis// Transactions of the Ninth Army Conference on Applied Mathematics and Computing. Minneapolis: [s.n.], 1992.

[30] 石根华.数值流形方法与非连续变形分析. 裴觉民, 译. 北京：清华大学出版社, 1997.

[31] KOUREPINIS D. Higher-order discontinuous modelling of fracturing in quasi-brittle materials. Glasgow：University of Glasgow, 2008.

[32] MA G W, AN X M, HE L. The numerical manifold method: A review. International journal of computational methods, 2010, 7(1): 1-32.

[33] 杨永涛. 多裂纹动态扩展的数值流形法. 武汉: 中国科学院武汉岩土力学研究所, 2015.

[34] 曹文贵, 速宝玉. 流形元覆盖系统自动生成形成方法之研究. 岩土工程学报, 2001, 23(2): 187-190.

[35] 陈刚, 刘佑荣. 流形元覆盖系统的有向图遍历生成算法研究. 岩石力学与工程学报, 2003, 22(5): 711-716.

[36] 张大林, 栾茂田, 杨庆, 等. 数值流形方法的网格自动剖分技术及其数值方法. 岩石力学与工程学报, 2004, 23(11): 1836-1840.

[37] 蔡永昌, 张湘伟. 流形方法的矩形覆盖系统及其全自动生成算法. 重庆大学学报(自然科学版), 2001, 24(1): 42-46.

[38] 骆少明, 蔡永昌, 张湘伟. 数值流形方法中的网格重分技术及其应用. 重庆大学学报(自然科学版), 2001, 24(4): 34-37.

[39] 李海枫, 张国新, 石根华, 等. 流形切割及有限元网格覆盖下的三维流形单元生成. 岩石力学与工程学报, 2010, 29(4): 731-742.

[40] CHEN G Q, OHNISHI Y, ITO T. Development of high-order manifold method. International journal for numerical methods in engineering, 1998, 43: 685-712.

[41] 姜清辉, 邓书申, 周创兵. 三维高阶数值流形方法研究. 岩土力学, 2006, 27(9): 1471-1474.

[42] 苏海东, 崔建华, 谢小玲. 高阶数值流形方法的初应力公式. 计算力学学报, 2010, 27(2): 270-274.

[43] WANG Y, HU M S, ZHOU Q L, et al. A new second-order numerical manifold method model with an efficient scheme for analyzing free surface flow with inner drains. Applied mathematical modelling, 2016, 40: 1427-1445.

[44] ZHENG H, XU D D. New strategies for some issues of numerical manifold method in simulation of crack propagation. International journal for numerical methods in engineering, 2014, 97: 986-1010.

[45] 郭朝旭, 郑宏. 高阶数值流形方法中的线性相关问题研究. 工程力学, 2012, 29(12): 228-232.

[46] 蔡永昌, 刘高扬. 基于独立覆盖的高阶数值流形方法. 同济大学学报(自然科学版), 2015, 43(12): 1794-1799.

[47] YANG S K, MA G W, REN X H, et al. Cover refinement of numerical manifold for crack propagation simulation. Engineering analysis with boundary elements, 2014, 43: 37-49.

[48] 祁勇峰, 苏海东, 崔建华. 部分重叠覆盖的数值流形方法初步研究. 长江科学院院报, 2013, 30(1): 65-70.

[49] 苏海东, 祁勇峰. 部分重叠覆盖流形法的覆盖加密方法. 长江科学院院报, 2013, 30(7): 95-100.

[50] 温伟斌. 基于B样条插值的数值流形方法与时间积分方法的研究. 重庆: 重庆大学, 2014.

[51] ZHANG Y L, LIU D X, TAN F. Numerical manifold method based on isogeometric analysis. Science China technological sciences, 2015, 58: 1520-1532.

[52] 刘治军. 二维结构化网格上的数值流形方法. 武汉: 中国科学院武汉岩土力学研究所, 2015.

[53] 王水林, 葛修润. 流形元方法在模拟裂纹扩展中的应用. 岩石力学与工程学报, 1997, 16(5): 405-410.

[54] TSAY R J, CHIOU Y J, CHUANG W L. Crack growth prediction by manifold method. Journal of engineering mechanics, 1999, 125: 884-890.

[55] CHIOU Y J, LEE Y M, TESAY R J. Mix mode fracture propagation by manifold method. International journal of fracture, 2002, 114: 327-347.

[56] MA G W, AN X M, ZHANG H H, et al. Modelling complex crack problems using the numerical manifold method. International journal of fracture, 2009, 156: 21-35.

[57] ZHANG H H, LI L X, AN X M, et al. Numerical analysis of 2-D crack propagation problems using the numerical manifold method. Engineering analysis with boundary elements, 2010, 34: 41-50.

[58] WU Z J, WONG L N Y. Friction crack initiation and propagation analysis using the numerical manifold method. Computers and geotechnics, 2012, 39: 38-53.

[59] WU Z J, WONG L N Y. Modeling cracking behavior of rock mass containing inclusions using the enriched numerical manifold method. Engineering geology, 2013, 162: 1-13.

[60] AN X M, ZHAO Z Y, ZHANG H H, et al. Modeling bimaterial interface cracks using the numerical manifold method. Engineering analysis with boundary elements, 2013, 37: 464-474.

[61] YANG Y T, ZHENG H. A three-node triangular element fitted to numerical manifold method with continuous nodal stress for crack analysis. Engineering fracture mechanics, 2016, 162: 51-75.

[62] YANG Y T, SUN G H, ZHENG H, et al. A four-node triangular element fitted to numerical manifold method with continuous nodal stress for crack analysis. Computers and structures, 2016, 177: 69-82.

[63] LIN J S. A mesh-based partition of unity method for discontinuity modeling. Computer methods in applied mechanics and engineering, 2003, 192: 1515-1532.

[64] 田荣. 连续与非连续变形分析的有限覆盖无单元方法及其应用研究. 大连: 大连理工大学, 2001.

[65] 刘欣, 朱德懋, 陆明万, 等. 基于流形覆盖思想的无网格方法的研究. 计算力学学报, 2001, 18(1): 21-27.

[66] 栾茂田, 张大林, 杨庆, 等. 有限覆盖无单元法在裂纹扩展数值分析问题中的应用. 岩土工程学报, 2003, 25(5): 527-531.

[67] LI S, CHENG Y. Enriched meshless manifold method for two-dimensional crack modeling. Theoretical and applied fracture mechanics, 2005, 44(3): 234-248.

[68] 刘丰. 非有限元覆盖的数值流形方法及其应用. 武汉: 中国科学院武汉岩土力学研究所, 2015.

[69] 姜清辉, 杨文柱, 吴益民, 等. 三维非连续变形分析方法中摩擦接触问题的研究. 岩石力学与工程学报, 2002, 21(增 2): 2418-2421.

[70] 姜清辉, 周创兵. 四面体有限单元覆盖的三维数值流形方法. 岩石力学与工程学报, 2005, 24(24): 4455-4460.

[71] 姜清辉, 周创兵, 张煜. 三维数值流形方法的点-面接触模型. 计算力学学报, 2006, 23(5): 569-572.

[72] 骆少明, 张湘伟, 吕文阁, 等. 三维数值流形方法的理论研究. 应用数学和力学, 2005, 26(9): 1027-1032.

[73] 宋俊生, 大西有三. 高阶四边形单元的流形方法. 岩石力学与工程学报, 2003, 22(6): 932-936.

[74] 周小义, 邓安福. 六面体有限覆盖的三维数值流形方法的非线性分析. 岩土力学, 2010, 31(7): 2276-2282.

[75] HE L, AN X M, MA G W. Development of three-dimensional numerical manifold method for jointed rock slope stability analysis. International journal of rock mechanics and mining sciences, 2013, 64: 22-35.

[76] SHI G H. Contact theory. Science China technological sciences, 2015, 58(9): 1450-1496.

[77] 魏高峰, 冯伟. 热传导问题的非协调数值流形方法. 力学季刊, 2005, 26(3): 451-454.

[78] 林绍忠, 明峥嵘, 祁勇峰. 用数值流形法分析温度场及温度应力. 长江科学院院报, 2007, 24(5): 72-75.

[79] 李树忱, 李树才, 张京伟. 势问题的数值流形方法. 岩土工程学报, 2006, 28(12): 2092-2097.

[80] 刘红岩, 王新生, 秦四清, 等. 岩石边坡裂隙渗流的流形元模拟. 工程地质学报, 2008, 16(1): 53-58.

[81] JIANG Q H, DENG S S, ZHOU C B, et al. Modeling unconfined seepage flow using three-dimensional numerical manifold method. Journal of hydrodynamics, 2010, 22(4): 554-561.

[82] 刘泉声, 刘学伟. 裂隙岩体温度场数值流形方法初步研究. 岩土工程学报, 2013, 35(4): 635-642.

[83] 刘泉声, 刘学伟. 多场耦合作用下岩体裂隙扩展演化关键问题研究. 岩土力学, 2014, 35(2): 305-320.

[84] 刘学伟, 刘泉声, 卢超波, 等. 温度-应力耦合作用下岩体裂隙扩展的数值流形方法研究. 岩石力学与工程学报, 2014, 33(7): 1432-1441.

[85] 王书法, 朱维申, 李术才, 等. 考虑侧向影响的数值流形方法及其工程应用. 岩石力学与工程学报, 2001, 20(3): 297-300.

[86] 朱爱军, 邓安福, 曾祥勇. 数值流形方法对岩土工程开挖卸荷问题的模拟. 岩土力学, 2006, 27(2): 179-183.

[87] 焦健, 乔春生, 徐干成. 开挖模拟在数值流形方法中的实现. 岩土力学, 2010, 31(9): 2951-2957.

[88] 位伟, 姜清辉, 周创兵. 数值流形方法的阻尼、收敛准则以及开挖模拟. 岩土工程学报, 2012, 34(11): 2011-2018.

[89] TAL Y, HATZOR Y H, FENG X T. An improved numerical manifold method for simulation of sequential excavation in fractured rocks. International journal of rock mechanics and mining sciences, 2014, 65: 116-128.

[90] 曹文贵, 速宝玉. 岩体锚固支护的数值流形方法模拟及其应用. 岩土工程学报, 2001, 23(5): 581-583.

[91] 董志宏, 邬爱清, 丁秀丽. 数值流形方法中的锚固支护模拟及初步应用. 岩石力学与工程学报, 2005, 24(20): 3754-3760.

[92] 姜清辉, 王书法. 锚固岩体的三维数值流形方法模拟. 岩石力学与工程学报, 2006, 25(3): 528-532.

[93] WEI W, JIANG Q H, PENG J. New rock bolt model and numerical implementation in numerical manifold method. International journal of geomechanics, 2017, 17(5): 1-12.

[94] 刘红岩, 杨军. Hopkinson 动态破裂试验的高阶数值流形方法模拟. 煤炭学报, 2005, 30(3): 340-343.

[95] 刘红岩, 杨军, 陈鹏万. 冲击载荷作用下岩体破坏规律的数值流形方法模拟研究. 爆炸与冲击, 2005, 25(3): 255-259.

[96] 刘红岩, 秦四清, 杨军. 爆炸荷载下岩石破坏的数值流形方法模拟. 爆炸与冲击, 2007, 27(1): 50-56.

[97] 刘红岩, 王贵和. 节理岩体冲击破坏的数值流形方法模拟. 岩土力学, 2009, 30(11): 3523-3527.

[98] 苏海东. 固定网格的数值流形方法研究. 力学学报, 2011, 43(1): 169-178.

[99] 位伟, 姜清辉, 周创兵. 基于有限变形理论的数值流形方法研究. 力学学报, 2014, 46(1): 78-86.

[100] 张湘伟, 章争荣, 吕文阁, 等. 数值流形方法研究及应用进展. 力学进展, 2010, 40(1): 1-12.

[101] 王芝银, 李云鹏. 数值流形法及其研究进展. 力学进展, 2003, 33(2): 261-266.

[102] 莫海鸿, 陈尤雯. 流形法在岩石力学研究中的应用. 华南理工大学学报(自然科学版), 1998, 26(9): 48-53.

[103] 梁国平, 何江衡. 广义有限元方法: 一类新的逼近空间. 力学进展, 1995, 25(4): 562-565.

[104] 栾茂田, 田荣, 杨庆. 广义节点有限元法. 计算力学学报, 2000, 17(2): 192-198.

[105] 田荣, 栾茂田, 杨庆. 高阶形式广义节点有限元法及其应用. 大连理工大学学报, 2000, 40(4): 492-495.

[106] 邵国建, 刘体锋. 广义有限元及其应用. 河海大学学报(自然科学版), 2002, 30(4): 28-31.

[107] 王玉杰, 张大克. 广义有限元法解的超收敛估计. 哈尔滨理工大学学报, 1999, 4(4): 96-99.

[108] ZHANG H H, CHEN Y L, LI L X, et al. Accuracy comparison of rectangular and triangular mathematical elements in the numerical manifold method. [S.l.]: [s.n.], 2010.

[109] TERADA K, ASAI M, YAMAGISHI M. Finite cover method for linear and nonlinear analyses of heterogeneous solids. International journal for numerical methods in engineering, 2003, 58: 1321-1346.

[110] TERADA K, KURUMATANI M. An integrated procedure for three-dimensional structural analysis with the finite cover method. International journal for numerical methods in engineering, 2003, 63: 2102-2123.

[111] AN X M, MA G W, CAI Y C, et al. A new way to treat material discontinuities in the numerical manifold method. Computer methods in applied mechanics and engineering, 2010, 200: 3296-3308.

[112] CHENG Y M, ZHANG Y H. Formulation of a three-dimensional manifold method with tetrahedron elements. Rock mechanics and rock engineering, 2008, 41(4): 601-628.

[113] DOLBOW J E, DEVAN A. Enrichment of enhanced assumed strain approximations for representing strong discontinuities: Addressing volumetric incompressibility and the discontinuous patch test. International journal for numerical methods in engineering, 2004, 59(1): 47-67.

[114] TADA H, PARIS P C, IRWIN G R. The stress analysis of cracks handbook. Hellertown: Del Research Corporation, 1985.

[115] TANG X, WU S, ZHENG C, et al. A novel virtual node method for polygonal elements. Applied mathematics and mechanics, 2009, 30(10): 1233-1246.

[116] SUKUMAR N, HUANG Z Y, PREVOST J H, et al. Partition of unity enrichment for bimaterial interface cracks. International journal for numerical methods in engineering, 2004, 59 (8): 1075-1102.

[117] SZABÓ B, BABUŠKA I. Introduction to finite element analysis: Formulation, verification and validation. Hoboken：John Wiley & Sons, 2011.

[118] SCOTT M A, LI X, SEDERBERG T W, et al. Local refinement of analysis-suitable T-splines. Computer methods in applied mechanics and engineering , 2012, 213: 206-222.

[119] BÉZIER P. Numerical control : Mathematics and applications. London: J. Wiley, 1972.

[120] ZIENKIEWICZ O C, HUMPESON C, LEWIS R W. Associated and nonassociated visco-plasticity in soil mechanics. Geotechnique, 1975, 25 (4): 671-689.

[121] 郑颖人, 赵尚毅, 宋雅坤. 有限元强度折减法研究进展. 后勤工程学院学报, 2000, 21 (3): 1-6.

(TV-0588.01)

Numerical Manifold Method with
Its Application in Water Resources and
Hydropower Engineering

数值流形方法及其在
水利水电工程中的应用

www.sciencep.com

ISBN 978-7-03-075338-0

科学出版社互联网入口　　武汉分社互联网入口　　微信扫码看彩图
武汉分社：(027)87198460　销售：(010)64031535
E-mail:sciencep-wh@mail.sciencep.com
销售分类建议：水利工程/岩土工程

定 价：118.00 元